Ihr Hobby
Chamäleons

Dominik Kieselbach · Rolf Müller · Ulrike Walbröl

Inhaltsverzeichnis

Systematik 5
Allgemeines zur Systematik • Die Nomenklatur • Die aktuelle Systematik nach Klaver & Boehme

Biologie und Evolution 10
Die Evolution • Der Lebensraum • Die Biologie • Das Verhalten • Die Fortpflanzung

Haltung 24
Aktuelle Probleme • Das richtige Klima • Wildfänge • Anfängerarten? • Überlegungen vor dem Kauf • Lebensraum Terrarium • Bau • Einrichtung • Lichtverhältnisse • Temperatur • Luftfeuchtigkeit • Handling • Weitere Haltungsoptionen • Vergesellschaftung • Ein gesundes Chamäleon erwerben

Ernährung und Krankheiten 50
Was fressen Chamäleons? • Wieviel fressen Chamäleons? • Wie füttere ich? • Futtertiere • Dehydration • Wasserhaushalt • Vitamine und Mineralstoffe • Krankheiten bei Chamäleons

Zucht und Aufzucht 60
Die Paarung • Die Eiablage • Legenot • Eizeitigung • Geschlechtsdimorphismus • Die Geburt bei ovoviviparen Arten • Die Aufzucht der Jungchamäleons

Artenteil 69
Furcifer pardalis • Chamaeleo calyptratus • Furcifer lateralis • Die Montan-Arten • Chamaeleo (Trioceros) montium • Chamaeleo (Trioceros) jacksonii

Literatur und Kontaktadressen 95

Alle Fotos von Rolf Müller und Ulrike Walbröl, außer wie am jeweiligen Foto vermerkt: Aqualife Taiwan, Archiv bede-Verlag, I. Francais, B. Kahl, J. Schmidt. Titelfoto: Dai Mar Tamarack / Shutterstock.com

Die in diesem Buch enthaltenen Empfehlungen und Angaben sind vom Autor mit größter Sorgfalt zusammengestellt und geprüft worden. Eine Garantie für die Richtigkeit der Angaben kann aber nicht gegeben werden. Autor und Verlag übernehmen keinerlei Haftung für Schäden und Unfälle.

Bibliografische Information der Deutschen Nationalbibliothek
Die Deutsche Nationalbibliothek verzeichnet diese Publikation in der Deutschen Nationalbibliografie; detaillierte bibliografische Daten sind im Internet über http://dnb.d-nb.de abrufbar.

Das Werk einschließlich aller seiner Teile ist urheberrechtlich geschützt. Jede Verwertung außerhalb der engen Grenzen des Urheberrechtsgesetzes ist ohne Zustimmung des Verlages unzulässig und strafbar. Das gilt insbesondere für Vervielfältigungen, Übersetzungen, Mikroverfilmungen und die Einspeicherung und Verarbeitung in elektronischen Systemen.

© 2002, 2016 Eugen Ulmer KG
Wollgrasweg 41, 70599 Stuttgart (Hohenheim)
E-Mail: info@ulmer.de
Internet: www.ulmer.de
Umschlaggestaltung: Sojus Design, Kai Twelbeck, Stuttgart
Druck und Bindung: Westermann Druck, Zwickau
Printed in Germany

ISBN 978-3-8001-0395-9

Einleitung

Es gibt wohl kaum eine Reptiliengruppe, von der so viel Faszination ausgeht wie von den Chamäleons. Ihren Weg in heimische Terrarien haben die Chamäleons dennoch nur langsam und anfangs mit recht bescheidenen Erfolgen gefunden. Ihre Haltung und Vermehrung stellte die Terrarianer oft vor große Probleme. So umgab die Chamäleons schnell der Ruf, im Terrarium nicht haltbar zu sein. Dieser Ruf eilt den Chamäleons noch immer voraus und entbehrt auch heute nicht jeder Grundlage. Viele Chamäleonarten müssen immer noch als heikle Pfleglinge gelten. Dennoch wurden bei der Pflege dieser Reptilien zahlreiche Fortschritte erzielt, die es rechtfertigen, ein Buch zu veröffentlichen, das den Einsteiger mit einigen einfacher zu haltenden Chamäleon-Arten vertraut macht.

Es sind vor allem die Erkenntnisse der letzten zehn bis zwanzig Jahre, welche die entscheidenden Fortschritte in der Haltung verschiedener Arten brachten. Regelmäßige Nachzuchten gehören heute bei einigen Arten zum Terrarianeralltag weltweit.

Wir möchten mit diesem Buch dem ambitionierten Einsteiger die ersten Schritte in diesen interessanten Bereich der Reptilienhaltung ermöglichen. Dabei beantworten wir grundlegende Fragen der Terraristik, ohne ein umfangreiches Vorwissen zu unterstellen. Wir sind uns dabei der Problematik voll bewusst, Einsteiger und Chamäleons zusammenführen zu wollen. Dennoch sind wir der Meinung, dass ein verantwortungsbewusster Terrarianer, der noch nicht über einen großen Erfahrungsschatz verfügt, mindestens genauso gut für seine Tiere sorgen kann, wie ein „alter Hase", der glaubt, schon alles zu wissen. Bei den in diesem Buch besprochenen Arten beschränken wir uns deshalb auf solche, die zum einen durch regelmäßige Nachzuchten beinahe ständig erhältlich sind und zum anderen in ihren Haltungsansprüchen den Möglichkeiten eines Anfängers gerecht werden. Dazu muss gesagt werden, dass wir im speziellen Artenteil auch zwei Vertreter montan lebender Arten vorstellen, deren Haltung als anspruchsvoller bezeichnet werden muss. Dieses Buch stellt insoweit keinen Anspruch auf Vollständigkeit, da wir uns – wie oben erwähnt – bewusst auf wenige Arten beschränken.

Es ist sehr schwierig zu sagen, wie viele Chamäleonarten derzeit in Deutschland gehalten und auch vermehrt werden. Sicher ist, dass nur eine Handvoll Arten für den Anfänger geeignet sind. Es gibt nichts

Das Dreihorn- oder auch Jackson-Chamäleon, *Chamaeleo (Trioceros) jacksonii*, gehört zu den anspruchsvolleren Pfleglingen. Das abgebildete Männchen scheint leicht erregt zu sein, wie die strahlenförmige Zeichnung um die Augen verrät.
Foto: B. Kahl

Einleitung

Das rechts abgebildete Chamäleon der Art *Bradypodion xenorhinum* gehört zu den sehr selten bei uns gepflegten Arten. Das Männchen dieser sonst eher unscheinbar gefärbten Art zeigt sich während der Balz in seiner schönsten Färbung.

Entmutigenderes, als sich aus einer umfangreichen Artenliste sein Lieblingschamäleon auszusuchen, nur um anschließend feststellen zu müssen, dass diese Art in Deutschland praktisch nicht im Handel ist oder Ihre Haltung nur schwer gelingt. Viele Warnungen werden dann überhört und das Unmögliche im Zuge der eigenen Begeisterung versucht. Diese Versuche enden leider sehr schnell mit dem Ableben des „Versuchstiers". Der persönliche Frust ist vorprogrammiert und zu oft ist der Anfänger dann versucht, den Misserfolg auf die allgemein proklamierte Unhaltbarkeit der Chamäleons zu schieben. Wer gesteht sich schon gerne sein eigenes Scheitern ein, obwohl dies unter den gegebenen Umständen vielleicht sogar unvermeidbar war.

Wenn Sie sich ernsthaft für die Pflege eines Chamäleons interessieren, lesen Sie dieses Buch aufmerksam durch und entscheiden Sie dann, ob Sie es wirklich versuchen wollen. Wir gehen am Rand auf einige Exoten ein, um Ihnen einen kleinen Einblick in die Vielfalt dieser Reptilienfamilie zu geben.

Wir wollen dem Anfänger zeigen, dass die Haltung von Chamäleons mit der notwendigen Hingabe und dem Wissen um die Bedürfnisse der gehaltenen Art kein Wagnis darstellt, sondern faszinierend ist und Sie begeistern wird. In diesem Sinne, viel Spaß bei der Lektüre dieses Buches und – vielleicht – bei Ihrem neuen Hobby!

Systematik

Allgemeines zur Systematik

Die Systematik, als ein Teilgebiet der Biologie, beschäftigt sich mit der Ordnung allen Lebens auf der Erde. Dabei hat die Systematik bis heute kein starres Gerüst geschaffen, in dem alle Tiere oder Pflanzen schon ihren Platz gefunden haben. Die Systematik ist vielmehr eine sich ständig weiterentwickelnde Wissenschaft, die von den Fortschritten der modernen technischen und biochemischen Analysemöglichkeiten profitiert. Um Ihnen die Schwierigkeiten bewusst zu machen, die auftauchen, wenn man Milliarden von Dingen sortieren möchte, führen wir ein kleines Beispiel an. Stellen Sie sich vor, Sie sollten einen Beutel mit verschiedenen Knöpfen sortieren. Gäbe es in diesem Beutel nur grüne und braune Knöpfe, hätten Sie wahrscheinlich recht schnell zwei Haufen gebildet, einen mit braunen und einen mit grünen Knöpfen. Die beiden Haufen sind recht groß und Sie finden sich kaum besser darin zurecht. Sie haben zwar mehr Ordnung geschaffen, aber diese Ordnung bringt Sie nicht entscheidend weiter. Nun stellen Sie fest, dass es sinnvoll ist, die beiden Häufchen weiter nach der Anzahl der Knopflöcher zu unterteilen. Das kann nun immer so weiter gehen, denn je genauer Sie die Knöpfe untersuchen, desto mehr Unterschiede fallen Ihnen auf: Die einen sind aus Holz, andere aus Plastik, wieder andere aus Horn oder Metall. Wenn jetzt jemand mit einem Beutel neu entdeckter Knöpfe ankommt, werden Sie vielleicht sogar gezwungen sein, weitere Häufchen zu bilden. Liegen auf jedem Haufen nur völlig identische Knöpfe, dann haben Sie im weitesten Sinne Arten gebildet. Sie haben für jeden Knopf eine Beschreibung angefertigt und alle anderen, die dieser Beschreibung entsprechen, dazu gelegt.

Spätestens jetzt kommen Sie an den Punkt, an dem Sie bemerken, dass Sie ein übergeordnetes System benötigen, in dem Sie mehrere Knopfarten sinnvoll zusammenfassen können. Hier beginnt für Sie als Systematiker die eigentliche Arbeit. Sie stellen Kriterien auf, anhand derer Sie bestimmen, inwieweit sich die einzelnen Arten untereinander ähnlich sind, um diese dann in einer gemeinsamen Gruppe unterzubringen.

Chamaeleo (Trioceros) hoehnelii gehört zu den recht häufig gepflegten Arten. Sein auffälliger Rücken- und Kehlkamm machen dieses Chamäleon zusammen mit dem typischen Helm unverwechselbar.
Foto: B. Kahl

Systematik

Bradypodion fischeri gehört mit einer Größe von bis zu 40 cm zu einer der größeren Arten. Sie ist in Ostafrika beheimatet. Foto: Aqualife Taiwan

In der Systematik der Biologie versucht man, monophyletische Gruppen zu bilden. Jede Gruppe muss sich auf nur eine Stammart, einen Ausgangspunkt zurückführen lassen. Alle Mitglieder dieser Gruppe müssen charakteristische, verbindende Merkmale aufweisen, die sonst in keiner anderen Gruppe vorkommen. Wir sprechen dabei von Autapomorphien. Ein einfaches Beispiel hierfür ist die Wirbelsäule aller Wirbeltiere.

In der Biologie wird von einer phylogenetischen Systematik gesprochen, da das biologische System auf der Phylogenie, der Stammes- und Entwicklungslehre des Lebens, aufbaut. Die Evolutionslehre von Darwin, die wir als Fakt anerkennen, besagt, dass sich das Leben stetig entwickelt.

Wir können diese Entwicklung an den Artaufspaltungen lebender und fossiler Tierarten nachvollziehen. Die Zusammenhänge werden nicht alleine am erwachsenen Tier oder der erwachsenen Pflanze deutlich, sondern wir müssen uns die gesamte Entwicklung des Lebewesens anschauen. Um das Beispiel der Knöpfe nochmals zu bemühen: Wir schauen uns nicht nur den fertigen Knopf an, sondern auch auf welchem Weg er gefertigt wurde. In der Biologie wird das Ontogenese genannt, die Individualentwicklung eines Lebewesens.

Die Wissenschaft ist immer besser in der Lage, die phylogenetischen Zusammenhänge aller Lebewesen zu erforschen. So einfache Erfindungen wie das Lichtmikroskop haben die Systematik ebenso ent-

Systematik

scheidend beeinflusst wie die modernen Möglichkeiten der DNA-Analyse. Dabei wurde es unumgänglich, alte Gruppen aufzubrechen, neue zu schaffen oder andere zusammenzufassen. Die Chamäleons sind ein sehr gutes Beispiel für den Wandel, den die Systematik im Lauf der Zeit durchlebt hat.

Die Hauptgründe für eine sich stetig ändernde Chamäleonsystematik sind neben den immer besseren Untersuchungsmethoden vor allem die Entdeckung immer neuer Arten und die besser funktionierende Beschaffung von Untersuchungsmaterial. Alle Faktoren sorgen dafür, dass die Verwandtschaftsverhältnisse immer besser erforscht werden können, und somit die Zugehörigkeit einzelner Arten zu bestimmten Gruppen und die Verwandtschaft dieser Gruppen zueinander klarer wird. Aber schon bei der Artzugehörigkeit stoßen wir bei den Chamäleons auf Probleme. Der bei einigen Arten stark ausgeprägte Geschlechtsdimorphismus führte oft dazu, dass die männlichen und weiblichen Tiere einer Art als unterschiedliche Arten beschrieben wurden. Sind die Arten korrekt beschrieben und zugeordnet, werden sie in sinnvolle höhere Ordnungsstufen eingeteilt. Die Biologie fasst Arten zu Gattungen, Gattungen zu Familien, Familien zu Ordnungen, Ordnungen zu Klassen und so weiter zusammen. Dabei sollen nur monophyletische Gruppen geschaffen werden. Die Entwicklung in der Chamäleonsystematik zeigt, wie willkürlich und vorübergehend diese Einteilung sein kann. Nach der Systematik von KLAVER & BOEHME (1986, 1997) sind heute sechs Gattungen in zwei Unterfamilien mit insgesamt etwa 150 bekannten Arten und 180 Unterarten beschrieben. Vor diesem Hintergrund muten Einteilungen aus dem neunzehnten Jahrhundert mit über dreißig Gattungen, als unter 100 Arten bekannt waren, recht sonderbar an. Dennoch ist eine solche Hilflosigkeit durchaus verständlich, wenn Sie sich die komplexen phylogenetischen Zusammenhänge des Lebens auf der einen und die unzureichenden Untersuchungsmöglichkeiten dieser Forscher auf der anderen Seite verdeutlichen.

Chamaeleo (Trioceros) wiedersheimi ist ein typischer Vertreter des westafrikanischen *Chamaeleo cristatus*-Komplexes, zu dem außerdem noch *Ch. montium*, *Ch. quadricornis*, *Ch. pfefferi*, *Ch. feae*, *Ch. eisentrauti* und *Ch. camerunensis* gehören. Foto: B. Kahl

Systematik

Auch heute ist die Systematik der Chamäleons noch nicht endgültig geklärt. Die Systematik von KLAVER & BOEHME ist nicht weltweit akzeptiert. Besonders im amerikanischen Raum werden die Chamäleons noch immer in nur vier Gattungen eingeteilt.

Dabei ist es entscheidend, nach welchen Gesichtspunkten man die Einteilung vornimmt. Klaver und Boehme betrachten für ihre Systematik vor allem die Struktur der Hemipenisse und der Lungen. Die alte Systematik schaut vor allem auf Gemeinsamkeiten in der Jugendentwicklung, die Hautschuppen und Färbungen. Man gelangt zu unterschiedlichen Einteilungen, wenn man sich unterschiedliche Organe oder Strukturen anschaut. Es ist nicht egal, ob ich meine Knöpfe nach der Anzahl der Löcher, nach dem verwendeten Material oder dem Fertigungsweg sortiere. Die Taxonomen werden Merkmale finden müssen, die für eine phylogenetische Systematik der Chamäleons geeignet sind.

Die Nomenklatur

Mit seiner wissenschaftlichen Bezeichnung besitzt jedes Lebewesen einen Namen, der weltweit verstanden wird. Der deutsche Trivialname eines Chamäleons wird Ihnen auf internationalen Veranstaltungen im Gespräch mit Chamäleonliebhabern aus anderen Ländern nicht helfen. Die wissenschaftliche Bezeichnung wird hingegen weltweit verstanden. Seit Linné benutzen wir die sogenannte „Binäre Nomenklatur". Jedes Lebewesen erhält seinen eindeutigen Namen aus Gattungs- plus Artnamen. Das Pantherchamäleon heißt wissenschaftlich *Furcifer pardalis* (früher *Chamaeleo pardalis*). *Furcifer* ist hierbei der Gattungsname und *pardalis* der Artname. Beide Namen werden nach keinen festen Regeln vergeben. Häufig ist der Artname der Namen des Erstbeschreibers, einer ihm nahestehenden Person, ein Hinweis auf den Fundort oder eine Besonderheit des Tieres. Genauso weist der Gattungsname oft auf eine Besonderheit der Gattung hin, kann aber ganz willkürlich vergeben sein.

Manchmal findet sich hinter dem Artnamen noch ein Unterartname. Die Unterarten stellen hierbei meist durch räumliche Isolation entstandene Populationen einer Stammart dar. Die einzelnen Populationen weisen genetisch fixierte Unterschiede auf, die aber den Status einer eigenen Art noch nicht rechtfertigen. Evolutiv betrachtet befindet sich eine Unterart auf dem Weg zur Art. Die Mitglieder der verschiedenen Unterarten sind untereinander noch fortpflanzungsfähig und bringen oftmals fortpflanzungsfähige Nachkommen zur Welt. In der Natur sind die Populationen geografisch weitestgehend isoliert. Es finden nur selten Paarungen statt. Jede Unterart hat somit ihren eigenen, abgeschlossenen Genpool. Das Europäische oder auch Gemeine Chamäleon, *Chamaeleo chamaeleon*, wird in vier Unterarten beschrieben. Wenn klar ist, um welche Art es sich handelt, wird der Artname abgekürzt und nur der Gattungs- und Unterartname ausgeschrieben. Man schreibt nicht *Chamaeleo chamaeleon orientalis* sondern einfacher *Chamaeleo ch. orientalis*. Ebenso wie der Artname wird auch der Unterartname frei gewählt.

Systematik

Das positive Fazit für uns Terrarianer kann eigentlich nur sein, dass ein Chamäleon, egal wie oft sich die Systematik noch ändern wird, immer so gepflegt werden kann wie zuvor.

Die aktuelle Systematik nach KLAVER & BOEHME

Nach all der Theorie schauen wir uns einmal die aktuelle Systematik nach KLAVER & BOEHME an, nach der wir uns zumindest in Europa richten können.

Die Chamäleons gehören im Reich der Tiere (Animalia) zum Stamm der Wirbeltiere (Chordata), dort zur Klasse der Reptilien (Reptilia), in der sie zur Ordnung der eigentlichen Schuppentiere (Squamata) gezählt werden. Verfolgen wir den Weg weiter, so finden sich die Chamäleons in der Unterordnung der Echsen (Sauria), in der sie als Chamaeleonidae eine eigene Familie bilden. Aufgrund vieler morphologischer Besonderheiten wurde sie lange Zeit in die Zwischenordnung der Wurmzüngler (Rhiptoglossa) gestellt (eine Anspielung auf ihre lange, wurmartige Zunge).

Die Familie der Chamaeleonidae wird in zwei Unterfamilien, die Echten Chamäleons (Chamaeleoninae) und die Stummelschwanzchamäleons (Brookesiinae), eingeteilt. Die Unterfamilie der Echten Chamäleons teilt sich in die vier Gattungen *Bradypodion*, *Calumma*, *Chamaeleo* und *Furcifer* auf. Die Gattung *Chamaeleo* besteht aus den zwei Untergattungen *Chamaeleo* und *Trioceros*. Die Unterfamilie der Stummelschwanzchamäleons teilt sich in die Gattungen *Brookesia* und *Rhampholeon*. Die schon angesprochene ältere Systematik, die heute noch Anhänger hat, teilt die Familie der Chamaeleonidae nur in vier Gattungen: *Chamaeleo* (ohne Untergattungen), *Bradypodion*, *Brookesia* und *Rampholeon* ein. Besonders im amerikanischen Raum wird diese Systematik noch publiziert, so dass Sie sich beim Lesen englischsprachiger Literatur oft dieser Einteilung gegenüber finden.

Neue Untersuchungen zeigen, dass wahrscheinlich auch die neue Systematik von KLAVER & BOEHME keine monophyletischen Gruppen gebildet hat. Weitere Untersuchungen werden folgen, und die Systematik der Chamäleons wird noch den einen oder anderen Wandel erfahren.

Durch die neue Systematik wurden das bisherige System und somit die wissenschaftlichen Namen der Chamäleons sehr verändert. In dem vorliegenden Buch werden wir uns bei der Bezeichnung der Art nach der neuen Systematik richten und den älteren Artnamen im speziellen Teil in Klammern angeben.

Das Teppich-Chamäleon, früher *Chamaeleo lateralis*, wird heute in der neuen Gattung *Furcifer* geführt. Sein wissenschaftlicher Name lautet also korrekt *Furcifer lateralis*.

Biologie und Evolution

In diesem Kapitel wollen wir auf den Lebensraum und einige der charakteristischen Besonderheiten der Chamäleons eingehen. Diese Besonderheiten sind teilweise Entwicklungen, die nur in der Familie der Chamaeleonidae auftreten. Teilweise sind es wichtige Eigenschaften dieser Reptilien, die Sie kennen und verstehen müssen, um sie im Terrarium artgerecht pflegen zu können.

Die Evolution der Chamäleons

Obwohl der Fund des ältesten, versteinerten Chamäleons auf ein Alter von 26 Millionen Jahren geschätzt wird, nehmen Evolutionsforscher an, dass es die Familie der Chamaelioninae seit 60 bis 100 Millionen Jahren gibt. Mit dieser Datierung bis in die Kreidezeit hinein müssen die Chamäleons als sehr alte Tiergruppe gelten. Die Erde und ihre Klimazonen sahen damals noch weit anders aus als heute, und somit war auch das Verbreitungsgebiet der Chamäleons wesentlich größer. Man konnte sie bis in die Gebiete des heutigen Mitteleuropas und Chinas verfolgen.

Die Chamäleons zogen sich nicht nur aus unwirtlich gewordenen Gebieten zurück, sondern passten sich neuen Lebensbedingungen an und besiedelten neue Gebiete. Heute haben Sie ihre größte Verbreitung in Zentralafrika und auf Madagaskar. Mit der zunehmenden Spezialisierung kam es zu immer neuen Artbildungen und einer zunehmenden Formenvielfalt als Anpassung an einen bestimmten Lebensraum.

Der Lebensraum der Chamäleons

Chamäleons haben ihr Hauptverbreitungsgebiet in gesamt Afrika, einschließlich einiger kleiner Nachbarinseln und auf Madagaskar. Allein in Zentralafrika und auf Madagaskar finden sich über 80 Prozent der beschrieben rezenten Arten! Kleinere Populationen leben in Südspanien, auf einigen Mittelmeerinseln, im Nahen Osten und erreichen über Indien sogar Sri Lanka. Dabei besiedeln die Chamäleons die unterschiedlichsten klimatischen Gebiete und verschiedenste Biotope. Selbst eine Art hat nicht immer ein bevorzugtes Habitat, so dass Sie sich bei Wildfängen und auch bei Nachzuchten möglichst genau nach dem Herkunfts- und Fundort erkundigen

Chamaeleo (Trioceros) montium gehört mit Sicherheit zu den auffälligeren Arten. Sein Rückensegel und seine Hörner machen eine Identifizierung der Männchen auch dem Anfänger einfach.
Foto: B. Kahl

Biologie und Evolution

müssen, um die Haltungsbedingungen entsprechend zu schaffen. Chamäleons besiedeln nicht nur Regenwälder und Oasen, sondern auch Wüsten und Buschsavannen, sie leben sowohl in den Ästen von Bäumen als auch auf den Zweigen niedriger Büsche und auf dem Boden. Im Gebirge kommen sie bis in Höhen von über 4000 Metern vor, viele Arten leben aber auch auf Höhe des Meeresspiegels. Sie lieben Temperaturen von bis zu 30°C, manche Arten überleben aber auch Nächte nahe dem Gefrierpunkt.

Ein wesentlicher Aspekt der artgerechten Haltung liegt neben der Ausstattung des Terrariums in der Schaffung des bevorzugten Mikroklimas. Dieses Mikroklima kann erheblich von denen für die Region typischen klimatischen Bedingungen abweichen. Es macht einen großen Unterschied, ob sich eine Chamäleonart überwiegend auf dem schattigen Boden oder in den sonnendurchfluteten Baumkronen aufhält. Durchschnittswerte und Klimatabellen der Region können also nur grobe Hinweise auf die eigentlichen Bedürfnisse der zu pflegenden Art geben! Auf die speziellen Ansprüche der einzelnen Arten gehen wir im Artenteil ein.

Die Biologie der Chamäleons

Wie kaum eine Tiergruppe sind die Chamäleons für ihre verschiedenen Besonderheiten wie ihre lange Zunge oder den Farbwechsel bekannt. Die Chamäleonarten können aber sehr unterschiedlich aussehen und manch Unerfahrener wird sich wundern, was für unscheinbare Arten zu dieser Tiergruppe gehören, die wir doch allgemein als farbenprächtige Baumbewohner vor Augen haben. Chamäleons zeigen sich nicht nur in ihrer Körperform und -größe sehr unterschiedlich. Die kleinste Art, *Brookesia minima*, wird gerade einmal drei Zentimeter lang, die größte Art, *Furcifer oustaleti*, kann hingegen Größen bis zu 80 Zentimeter erreichen. Auch in ihrem Verhalten und ihren Farben sind sie sehr verschieden. Wir wollen in diesem Abschnitt auf einige Besonderheiten der Chamaelioninae eingehen und versuchen, Ihnen ein Bild der Eigenschaften dieser Reptiliengruppe zu vermitteln. Dabei werden wir der Vollständigkeit halber auch Eigenschaften ansprechen, die allgemein auf Reptilien zutreffen und keine Besonderheiten der Chamäleons darstellen.

Ein adultes Weibchen von *Brookesia perarmata*. Dieses Erdchamäleon ist allein durch seine mit Stachelschuppen besetzte Haut eine Besonderheit. Im Verhältnis zu anderen Vertretern dieser Gattung erreicht es mit über zehn Zentimetern eine durchaus beeindruckende Größe.

Biologie und Evolution

Einige Varianten von *Chamaeleo (Trioceros) bitaeniatus* besitzen keine große Farbpalette, doch dieses gravide Weibchen zeigt ein auffälliges Muster.

Haut und Köper

Wie bei allen Reptilien ist die Haut der Chamäleons von Schuppen bedeckt, die sich teilweise überlappen können und großflächig mit der Haut verwachsen sind. Die Schuppen können am gesamten Körper einheitlich aussehen (homogene Beschuppung) oder vor allem auf dem Rücken, entlang der Wirbelsäule, auf dem Bauch oder auch am Kehlsack vergrößert sein (heterogene Beschuppung) und dort mehrere Millimeter hohe Kämme bilden. Auch auf dem Körper müssen die Schuppen nicht homogen sein, sondern können sich in Größe und Form stark voneinander unterscheiden.

Die Beschaffenheit der Haut hängt sehr vom Lebensraum des Chamäleons ab. Dabei beobachten wir die Tendenz, dass die Haut dicker wird, je trockener der Lebensraum ist, und dünner, je feuchter er ist. Die dicke, meist auch mit dickeren Schuppen besetzte Haut schützt das Chamäleon vor zu großem Wasserverlust. Diesen Schutz haben Chamäleons, die in feuchteren Gebieten leben, nicht nötig. So kommt es, dass die Haut einiger Arten sehr rauh und fest ist, wohingegen andere Arten eine fast samtige, weiche Haut besitzen. Zusätzlich kann man beobachten, dass die Haut von Tieren in trockenen Gebieten häufig die Fähigkeit besitzt, Wasser aufzunehmen. Die Haut von Chamäleons aus Regenwaldgebieten scheint das Wasser eher abzustoßen. Egal wie dick oder dünn, elastisch oder starr die Haut wirkt, sie muss von Zeit zu Zeit erneuert werden, da die oberste Schicht aus abgestorbenen Zellen besteht, die nicht wachsen. Als erstes Zeichen einer bevorstehenden Häutung verfärbt sich das Chamäleon durch die beginnende Ablösung der obersten Hautschicht leicht milchig. Die Arten der Unterfamilie Chamaeleoninae häuten sich meist in Fetzen, Tiere der Unterfamilie Brookesiinae oft in einem Stück. Die Dauer der gesamten Häutung kann zwischen wenigen Stunden und maximal einer Woche liegen. Wir haben beobachtet, dass ältere Tiere häufiger länger für die Häutung brauchen. Achten Sie immer darauf, dass sich das Chamäleon vollständig häutet und keine älteren Hautteile die Gliedmaßen abschnüren können oder am Körper hängen bleiben. Sie können leicht verpilzen und zu weiteren Hautproblemen führen.

Der Körper der Chamäleons ist in der Regel lateral gestreckt und zeigt einen ovalen, bis gestreckt ovalen Querschnitt. Die Wirbel können nach oben lange Ausläufer haben, die mit Haut überzogen sind und wie Segel anmuten. Ihren Körper können die Chamä-

Biologie und Evolution

leons stark abflachen und sich auch hinter dünnen Ästen verstecken. Bei Gefahr oder als Imponiergehabe können sie ihren Körper stark aufblähen und wirken so um einiges voluminöser.

Kopf und Augen

An ihrem Kopf tragen vor allem die Männchen einiger Arten hornartige Fortsätze. Dabei unterscheiden wir die „Echten Hörner" der Untergattung *Chamaeleo (Triocerus)* und die „Unechten Hörner". „Echte Hörner" besitzen einen knöchernen Kern, der von Ringschuppen bedeckt ist. Bei den „Unechten Hörnern" finden wir nur eine knöcherne Basis, auf der das Horn durch Gewebe und Schuppen aufgebaut ist. Neben diesen Hörnern finden wir noch verschiedene von Hautfortsätzen gebildete Anhänge am Kopf, die von Schuppen bedeckt sind. Es gibt Übergangsformen von diesen beschuppten Hautfortsätzen zu den „Unechten Hörnern".

Einige Chamäleonarten tragen auf ihren Köpfen helmartige Fortsätze, die ein knöchernes Gerüst besitzen, das von verschiedenen Schädelknochen gebildet wird. Bei manchen Arten können die Helme ein beträchliches Ausmaß erreichen. Der Helm des bekannten Jemenchamäleons, *Chamaeleo calyptratus*, kann bei den Männchen mit einer Höhe von acht Zentimetern ein beachtliches Ausmaß erreichen. Am Hinterhaupt können sich bei verschiedenen Arten beidseitig Hautfortsätze befinden, sogenannte Occipetallappen.

Die unabhängig voneinander beweglichen Augen sind ein weiteres viel bestauntes

Am Kopf tragen viele Chamäleons – vor allem die Männchen – markante Fortsätze, wie dieses männliche Exemplar der Art *Bradypodion fischeri*. Foto: Aqualife Taiwan

Biologie und Evolution

Merkmal der Chamäleons. Die Augen treten weit aus den Augenhöhlen hervor und sind von den Lidern vollständig umwachsen. Nur in der Mitte über der Pupille bleibt ein kleines Loch frei, durch das Licht einfallen kann.

Inzwischen gilt als erwiesen, dass Chamäleons die Bilder der beiden Augen nicht zusammenfügen müssen, um zu einem räumlichen Bild der Umgebung zu gelangen. Wir Menschen können Dinge nur räumlich wahrnehmen, wenn wir mit beiden Augen sehen. Halten Sie sich ein Auge zu, so bemerken Sie, dass Sie Entfernungen schlechter abschätzen können; beispielsweise wenn Sie nach einem entfernt stehenden Gegenstand greifen wollen. Unsere Augen liegen leicht versetzt im Schädel und liefern deshalb zwei unterschiedliche Bilder an das Gehirn. Dieser Unterschied kann von unserem Gehirn ausgewertet werden – ein dreidimensionales Bild entsteht. Ein Chamäleon sieht oft mit beiden Augen in verschiedene Richtungen und kann sich dennoch ein räumliches Bild von der Umgebung machen. Wie geht das?

Es wurde festgestellt, dass die Augen der Chamäleons zwei Besonderheiten aufweisen. Zum einen kann die Linse über einen sehr großen Dioptrienbereich angepasst werden. Sie kennen das wahrscheinlich von sich selbst: In jungen Jahren können wir unsere Sehschwäche noch mit Augenzukneifen ausgleichen, im Alter geht dies kaum noch. Im Vergleich haben Untersuchungen gezeigt, dass die menschliche Linse gerade einmal eine Dioptrie, die Linse eines Chamäleons über 30 Dioptrien ausgleichen kann! Ähnliche und sogar leicht bessere Leistungen schaffen unter den Landlebewesen gerade einmal Raubvögel. Das Chamäleonauge zeigt eine weitere Besonderheit, die im Tierreich einzigartig ist: Die Augenlinse ist nicht lichtbündelnd, sie streut das Licht. Die Streuung des einfallenden Lichts bedeutet einfach gesagt, dass weniger Information auf mehr Netzhautfläche fällt und somit die Auflösung größer wird! Das Chamäleon sieht wesentlich detaillierter, auch in weiter Entfernung. Bündelnde Linsen fassen Informationen zusammen, dadurch gehen Bildpunkte verloren. Die streuende Linse fächert sie auf, es werden Informationen gewonnen. Diese Linsenanordnung entspricht in etwa der eines Teleobjektivs auf der Kamera, das es uns ermöglicht, entfernte Dinge heranzuzoomen.

Mit diesem einzigartigen Linsensystem ausgerüstet, kann das Chamäleonauge nun folgendes machen: Mit seinen Muskeln, die an der sehr gut fokusierbaren Linse ansetzen, stellt das Chamäleon sein optisches System auf das Beutetier scharf. Anhand der Muskelkontraktion kann es nun bestimmen, wie weit das Beutetier entfernt sitzt. Das Gehirn setzt die aufgewändete Muskelkraft in eine Beziehung zur Entfernung. Das ist im Prinzip das Gleiche, wie wenn Sie das Gewicht eines Gegenstandes abschätzen, indem Sie ihn hochheben. Auch hier setzt Ihr Gehirn eine eingesetzte Kraft, die Muskelkontraktion des Arms, in Beziehung zu einer physikalischen Größe, in dem Fall nicht zu der Entfernung, sondern zu dem Gewicht. Versuche an Chamäleons zeigten, dass die Fehlerquote bei nur zehn Prozent lag!

Dem sehr gut entwickelten Sehsinn sind die anderen Sinnesleistungen weitestgehend

Biologie und Evolution

untergeordnet. Es wurde bisher weder beim Hörsinn, noch beim Geruchs- und Geschmackssinn eine nennenswerte Sensibilität nachgewiesen. Dennoch lässt sich beobachten, dass Chamäleons – bevorzugt in neuer Umgebung – ihre Zunge vor sich auf den Untergrund aufsetzen und wieder ins Maul zurückführen. Man nimmt an, dass hier rudimentär vorhandene Zellen des Jakobson´schen Organs Dufteindrücke vermitteln können.

Schwanz und Extremitäten

Viele Chamäleons leben kletternd in Bäumen und Büschen. Dabei zeigen ihre Extremitäten eine perfekte Anpassung an diese arboricole Lebensweise.
Der Schwanz der echten Chamäleons kann sehr lang werden und erreicht bei einigen Arten die 1,5-fache Länge des Körpers. Er dient den echten Chamäleons als fünfter Greifarm, der sich beim Klettern sehr kräftig an die Äste klammern kann. Der Greifschwanz ist eine Anpassung an ein Leben in Bäumen und Sträuchern. Wir finden bei den Erd- und Stummelschwanzchamäleons sowieso meist viel kürzere Schwänze. Sie erreichen maximal die halbe Körperlänge, dienen den Chamäleons vor allem als Stütze, und können ihnen nur bei kleineren Klettertouren Halt bieten. Benutzt ein echtes Chamäleon seinen Schwanz nicht, so rollt es ihn entweder unter der Kloake ein, oder er wird beim Laufen einfach nach hinten ausgestreckt getragen. Im Gegensatz zu einigen anderen Echsen können Chamäleons ihren Schwanz bei Gefahr nicht abwerfen und ihn auch nicht regenerieren.

Die Extremitäten der Chamäleons zeigen die eindruckvollste Anpassung an eine arboricole Lebensweise. Nicht nur, dass sie extrem beweglich sind, die fünf Zehen jeder Extremität bilden eine Zange in der Art, dass an den Vorderbeinen außen zwei und innen drei Zehen verwachsen sind, an den Hinterbeinen ist es genau anders herum. Mit dieser Zange können sie wunderbar um jeden Ast greifen und finden sicheren

Chamaeleo tempeli ist am doppelten V-förmigen Kehlkamm und den Occipetallappen gut zu identifizieren. Hier sehen Sie ein weibliches Chamäleon dieser Art.

Biologie und Evolution

Halt. Spezielle Haftschuppen an der Innenseite der verwachsenen Zehen und an der Innenseite des Schwanzes sorgen für zusätzlichen Halt und Sicherheit beim Klettern.

Zunge

Der Beutefang der Chamäleons mittels ihrer Zunge ist eine beindruckende Erfahrung für jeden, der dies zum ersten Mal sieht, und es bleibt immer eine faszinierende Beobachtung. Die Zunge ist bei einigen Arten länger als der Körper, in der Regel aber von ungefähr gleicher Länge. Die Spitze ist kegelförmig und dicker als die übrige Zunge. Sie ist feucht und muskulös. Hat das Chamäleon ein Beutetier entdeckt, wird die Zunge in Bruchteilen einer Sekunde zielgenau auf das Beutetier abgeschossen und langsam wieder eingezogen. Dabei haftet die Zungenspitze am Beutetier nicht durch ein besonders klebriges Sekret. Vielmehr entsteht zwischen Zungenspitze und Beutetier durch die Rückholbewegung und Muskelanspannung ein Unterdruck, vergleichbar mit einem Saugnapf. Die feuchte Zungenspitze optimiert die notwendige Adhäsion, wie auch ein nasser Saugnapf

Chamaeleo quilensis benutzt seinen Schwanz in typischer Chamäleonmanier und findet so auch mit zwei Füßen sicheren Halt
Foto: B. Kahl

Biologie und Evolution

besser hält als ein trockener. Die Treffergenauigkeit hängt von der allgemeinen körperlichen Verfassung des Chamäleons, der Geschwindigkeit des Beutetiers und von den Lichtverhältnissen ab. Je schlechter der Allgemeinzustand des Chamäleons oder die Lichtverhältnisse sind, desto seltener wird das Beutetier mit der Zunge getroffen. Man kann auch beobachten, dass Jungtiere erst noch lernen müssen, mit ihrer Zunge umzugehen. Wenn man voraussetzt, dass alle Sinne voll ausgebildet sind, dann lässt sich die merklich schlechtere Trefferquote nur so erklären. Die Lernphase ist aber meist schon nach einem Tag abgeschlossen, und die Jungtiere treffen dann bestens. Ausgewachsene, gesunde Chamäleons erreichen unter idealen Lichtverhältnissen eine Trefferquote von nahezu einhundert Prozent! Bei schlechten Lichtverhältnissen – die selbstverständlich artabhängig sind – oder einem schlechten Allgemeinzustand des Chamäleons kann diese Trefferquote drastisch sinken. Der Mechanismus, der dem schnellen Zungenschuss zugrunde liegt, war vielfältigen Spekulationen ausgesetzt. Heute weiß man, dass die Zunge nicht aufgerollt im Maul liegt oder durch einen plötzlichen Bluteinschuss quasi erigiert. Die Zunge ist vielmehr über einen beweglichen Knochen des Zungenbeins gestülpt. Vereinfacht kann man sich den Mechanismus wie ein Stück nasse Seife in der Hand vorstellen. Drücken Sie die Hand (sie entspricht der Zunge) zusammen, so fliegt die Seife (das Zungenbein) weg. Wenn Sie sich nun die Seife als den ruhenden Pol – das Zungenbein – vorstellen, fliegt Ihre Hand, also die Zunge, weg.

Der Ablauf bei der Jagd ist dabei immer gleich. Zunächst erblickt das Chamäleon ein Beutetier von geeigneter Größe und wendet sich mit dem Kopf zu ihm. Das Chamäleon fixiert das Beutetier nun mit beiden Augen. Das könnte den Schluss nahelegen, dass es doch beide Augen zum räumlichen Sehen benötigt. Versuche haben aber das Gegenteil bewiesen: Auch mit einem verdeckten Auge trifft das Chamäleon noch genauso gut. Wahrscheinlich ist das Fixieren mit beiden Augen nur eine zusätzliche Versicherung. Das Chamäleon nähert sich dem Beutetier mit sehr langsamen, unauffälligen Bewegungen, kann aber auch recht schnell bis auf eine erfolgversprechende Distanz heranlaufen. Nun scheint es so, als

Die Zunge der Chamäleons ist oft länger als der Körper. Dieses Weibchen der Art *Chamaeleo (Trioceros) werneri* erbeutet eine Wachsmade von der Pinzette.

Biologie und Evolution

Rhampholeon spectrum, ein weibliches Exemplar, zeigt sich hier in seiner schlichten, neutralen Färbung.

Neben tierischem Futter nehmen manche Chamäleonarten auch pflanzliche Nahrung zu sich. Es wird derzeit diskutiert, ob dies ausschließlich ihren Wasserbedarf befriedigen soll oder zum natürlichen Nahrungsspektrum gehört.

Farbwechsel

Eine der bekanntesten Eigenschaften der Chamäleons ist ihre Fähigkeit zum Farbwechsel. Obwohl wir dieses Phänomen auch von

würde das Chamäleon seine „Waffe" entsichern und zum Abschuss bereit machen. Diese Vorbereitung kann einige Sekunden andauern. Sie sehen währenddessen die Zungenspitze immer wieder kurz aus dem Maul schauen. Nun wird die Zunge im Bruchteil einer Sekunde herausgeschleudert und anschließend etwas langsamer wieder eingezogen. Die Beute wird zerkaut und geschluckt. Chamäleons zeigen diese Schluckbewegungen auch, wenn die Beute verfehlt wurde. Es wird daher vermutet, dass das in diesem Fall beobachtete Verhalten kein Schlucken, sondern ein Reinigen der Zunge ist.

Ihre gute Tarnung und die bedächtige Fortbewegung lässt einen leicht vermuten, dass Chamäleons nur herumsitzen und auf Beutetiere warten. Für einige Arten trifft das sicherlich auch durchaus zu. Es gibt aber auch Chamäleons, die ihrer Beute aktiv hinterherjagen.

anderen Tieren kennen, werden den Chamäleons hier unbegrenzte Möglichkeiten nachgesagt. Natürlich übertreffen dabei die Erzählungen die Realtität bei weitem. Jede Art hat ihre ganz typischen Spektren an Farben und Mustern. Einige Chamäleons, darunter viele Erdchamäleons, können beispielsweise nur verschiedene Grau- und Brauntöne erzeugen.

Die unterschiedlichen Färbungen, die ein Chamäleon annimmt, zeigen vor allem den aktuellen Gemüts- oder Gesundheitszustand der Reptilien an. Die unterschiedlichen Färbungen dienen der Kommunikation, aber auch der Wärmeregulierung im Körper, wie wir noch sehen werden. Weibliche Chamäleons zeigen beispielsweise ihre Paarungsbereitschaft oder Trächtigkeit an. Männliche Tiere markieren ihre Reviergrenzen und demonstrieren in Machtkämpfen Stärke. Krankheiten führen

Biologie und Evolution

Ein Pärchen des Teppich-Chamäleons, *Furcifer lateralis*, bei der Paarung. Hierbei geht es nicht immer sehr sanft zur Sache.

Die zunehmend dunklere Färbung des Weibchens deutet an, dass es nun genug ist. Das Tier wird die Paarung gleich beenden.

sind, desto mehr wird ungenutzt reflektiert. Chamäleons suchen selbstverständlich einen geeigneten Platz in der Sonne, im Schatten oder Halbschatten auf, um ihrem Wärmebedürfnis gerecht zu werden. Der Farbwechsel gibt ihnen eine zusätzliche Regulierungsmöglichkeit.
Warum den Chamäleons bei ihrer Farbänderung keine unbegrenzten Möglichkeiten gegeben sind, wird schnell klar, wenn man sich den Mechanismus dahinter anschaut. Vielleicht kennen Sie alle die Zeichentafeln, die auf dem Prinzip beruhen, dass man vor einem farbigen Hintergrund zunächst eine in Plastikfolie befindliche, schwarze Paste verteilen muss, um dann mit einer Art Spachtel oder Stift darauf

ebenso zu Farbänderungen wie Unterernährung, Wassermangel oder ein allgemeines Unwohlsein oder Stress. Dabei spielen Faktoren wie die Luftfeuchtigkeit, die Bestrahlungsintensität und Temperatur eine wichtige Rolle.
Bei der Regulierung der Körpertemperatur können wir sogar einen einfachen, uns allen bekannten Effekt nachvollziehen. Dunkle Flächen erwärmen sich schneller als helle, die einen Großteil des Lichts reflektieren und somit einen Großteil der Energie nicht aufnehmen. Da Chamäleons wie alle Reptilien wechselwarm sind, ihre Körperwärme also nicht selbst produzieren, sind sie auf Wärme von außen angewiesen. Je dunkler sie gefärbt sind, desto mehr Licht und somit Energie absorbiert der Körper, je heller sie

Biologie und Evolution

Furcifer cephalolepis ist ein recht einfach gefärbtes Chamäleon. Selbst während der Paarung und der Balz, wenn die meisten Arten ihre schönsten Muster zeigen, bleiben diese Chamäleons einfarbig grün.

zeichnen zu können. Dabei verdrängt man die schwarze Paste und der farbige Untergrund kommt zum Vorschein. Mit diesen Tafeln kann man also nur die Farben erzeugen, die sich schon unter der Paste befinden. Ähnliche Grenzen sind den Chamäleons gesetzt. Die „schwarze Paste" ist bei den Chamäleons der dunkle Farbstoff Melanin. Er befindet sich in den großen, Melanophoren genannten, Zellen in einer tieferen Hautschicht. Über den Melanophoren befinden sich die Guanophoren, die selbst keinen Farbstoff, sondern lichtbrechende Partikel enthalten, die weißes oder blaues Licht reflektieren. Direkt unter der oberen Hautschicht, der Epidermis, befinden sich noch die Chromatophoren, Zellen, die Carotinoide enthalten. Carotinoide sind Farbstoffe, die in ihrem Farbspektrum von gelb über orange und rot bis braun gehen. Diese Zellen sind bei den unterschiedlichen Chamäleonarten in unterschiedlicher Anzahl am Körper verteilt, so dass jede Art sowohl insgesamt und auf einzelne Körperregionen verteilt ein artspezifisches Farbspektrum und Muster hat. Seine Farbe ändert ein Chamäleon, indem es mit Hilfe des Melanins der Melanophoren die Chromatophoren und Guanophoren verdeckt. Die Melanophoren besitzen lange, fingerartige Ausläufer, die bis unter die oberste Hautschicht gehen. Presst nun die Melanophore ihr Melanin in verschiedene dieser Ausläufer, werden verschiedene Farbzellen verdeckt, wodurch die Intensität der anderen automatisch zunimmt. Die Farbänderung kann folglich nur in dem Rahmen stattfinden, in dem auch Chromatophoren und

Biologie und Evolution

Guanophoren vorhanden sind. Erscheint ein Chamäleon zum Beispiel grün, so reflektieren die Guanophoren blaues Licht durch gelbe Chromatophoren, die restlichen Zellen sind durch das Melanin der Melanophoren verdeckt.

Der Farbwechsel kostet natürlich Energie, denn das Melanin muss aus dem Zellkörper in die Ausläufer verteilt werden. Kranken oder unterernährten Chamäleons fehlt diese Energie, sie erscheinen blass (nicht etwa sehr bunt!), da sich die Farben gegenseitig aufheben. Im Gegensatz dazu sterben Tiere, die an akutem Stress verenden, meist in den schönsten Farben!

Das Verhalten der Chamäleons

Das Verhaltensrepertoire der Chamäleons ist sehr vielfältig und interessant. Es dient der innerartlichen und zwischenartlichen Kommunikation. Chamäleons verfügen über verschiedene Ausdrucksformen, um sich verständlich zu machen. Da wir wissen, dass das Gehör bei weitem nicht so gut ausgebildet ist, wie das Sehen, findet ein Großteil der innerartlichen Kommunikation über optische Reize statt. Der Farbwechsel spielt in der Kommunikation eine sehr große Rolle. Die Weibchen zeigen durch ihre Farbe an, ob sie trächtig oder zur Paarung bereit sind. Die Männchen zeigen Dominanz und Aggression an. An den Farben eines Chamäleons kann der erfahrene Halter aber auch dessen Gesundheitszustand ablesen.

Neben der Färbung machen sich Chamäleons auch durch Fauchen, Drohen mit aufgerissenem Maul, Abflachen oder Aufblähen des Körpers, wippenden Bewegungen und Gebärden mit dem Schwanz verständlich. Fühlen sich Chamäleons

Schon die Jungtiere von *Chamaeleo (Trioceros) werneri* versuchen sich bei Gefahr hinter einem Ast zu verstecken.

durch einen Angreifer bedroht, so zeigen sie entweder ein Versteckverhalten oder greifen ihrerseits an. Sehr häufig verlassen sie sich auf ihre perfekte Tarnung, verhalten sich ruhig, stellen sich vielleicht sogar tot oder verstecken sich hinter einem Ast und flachen ihren Körper zusätzlich ab.

Die meisten Chamäleons sind Einzelgänger. In der Natur sieht man zwar verschiedene Arten zeitweise in Gruppen zusammen leben, in der Terrarienhaltung stößt man aber immer wieder auf Probleme. So ist die Vergesellschaftung ein viel diskutiertes Thema. Auch wenn Sie bei verschiedenen Arten ein Männchen mit mehreren weiblichen Tieren zusammen

Biologie und Evolution

Chamaeleo (Trioceros) hoehnelii bei der Paarung. Im direkten Vergleich ist der Unterschied zwischen Männchen und Weibchen sowohl in der Färbung als auch an Helm und Rückenkamm gut zu erkennen.

halten können, so müssen Sie diese meist nach erfolgreicher Paarung trennen. Bei manchen Arten löst allein der Anblick anderer Chamäleons, auch wenn diese gar nicht im selben Terrarium gepflegt werden, einen derartigen Stress aus, dass die Tiere krank werden und frühzeitig sterben. Generell gilt: Je mehr Tiere auf kleinem Raum gehalten werden, desto größer kann auch der Stressfaktor werden. Sollten Sie die Möglichkeit haben, Ihre Chamäleons in einem sehr großen Terrarium oder gar einem kleinen Gewächshaus pflegen zu können, so kann eine Vergesellschaftung ratsam und problemlos sein, denn hier können sich die Chamäleons aus dem Weg gehen. Dennoch müssen Sie die Tiere ständig beobachten und im Ernstfall trennen. Einem Anfänger sei geraten, Chamäleons nur in Einzelterrarien zu halten.

Die Fortpflanzung der Chamäleons

Bei der Balz und Fortpflanzung übernehmen die männlichen Chamäleons den aktiven Part. Sie zeigen einem Weibchen ihren Fortpflanzungswillen, indem sie ihre schönsten Farben zeigen und mit dem Kopf und dem gesamten Körper wippende Bewegungen von oben nach unten durchführen. Die Weibchen bleiben passiv, wenn sie empfängnisbereit sind, oder laufen langsam davon. Manche heben dabei leicht ihren Schwanz an, um ihre Paarungsbereitschaft zu signalisieren. Sollte das Weibchen

Biologie und Evolution

bereits gravide (trächtig) oder aus anderen Gründen nicht paarungswillig sein, zeigt es dies durch seine arttypische Farbänderung und aggressives Verhalten an. Das Männchen lässt aber nicht immer von ihr ab und kann sehr aufdringlich sein. In der Folge kann es zu sehr heftigen Auseinandersetzungen kommen, während denen sich die Chamäleons teils schwere Verletzungen zufügen. Ist das Weibchen zur Paarung willig, kommt das Männchen näher. Um mit dem Weibchen kopulieren zu können, steigt das Männchen auf dessen Rücken, schiebt seinen Schwanz unter den des Weibchens, um die Kloaken zusammenzuführen. So kann es dann seinen erigierten Hemipenis zur Besamung in die weibliche Kloake einführen. Die Begattung dauert in der Regel mehrere Minuten bis zu eineinhalb Stunden. Es sind Arten bekannt, vor allem der Gattung *Brookesia*, bei denen die Weibchen ihre Männchen über mehrere Nächte mit sich herumtragen. Die weiblichen Tiere vieler Chamäleonarten sind fähig, den einmal empfangenen Samen lange in speziellen Taschen zu speichern und auch für künftige Befruchtungen zu nutzen.

Die Paarungszeit ist in der Natur an bestimmte Jahreszeiten gebunden. In der Regel sind dies die feuchten Jahreszeiten mit einem hohen Futterangebot, die meist auf eine trockenere Periode mit ungünstigen Temperaturen folgen.

Die meisten Chamäleons legen Eier, sind ovipar. Es gibt auch ovovivipare Arten, die vollständig entwickelte Junge zur Welt bringen. Die Jungtiere sind bei der Geburt von einer durchsichtigen Membran umschlossen, die sie selbstständig sofort nach der Geburt abstreifen.

Die Gravidität (Trächtigkeit) der eierlegenden Arten kann von einer Woche bis zu mehreren Monaten dauern. Die Tragzeit der lebendgebährenden Arten ist mit meist einigen Monaten wesentlich länger, da sich die Embryonen komplett im Mutterleib entwickeln. Tage vor der Eiablage werden die Weibchen unruhig, da sie auf der Suche nach einem geeigneten Eiablageplatz sind. Die meisten Chamäleons graben mehr oder weniger lange Gänge in das Substrat, bis sie die Eier in einer geeigneten Erdschicht ablegen. Das Gelege wird nach dem sorgfältigen Zugraben sich selbst überlassen. Die Gelegegröße ist von Art zu Art sehr unterschiedlich und kann zwischen ein oder zwei bis weit über fünfzig oder sechzig Eiern variieren. Alter und Größe des Muttertieres und die äußeren Bedingungen wie die Jahreszeit und das Futterangebot können Einfluss auf die Anzahl der Eier haben. Die Entwicklungszeit der Eier ist von der Umgebungstemperatur und der Chamäleonart abhängig, beträgt aber meist einige Monate.

Ovovivipare Arten gebähren ihre Jungen meist in den oftmals feuchten Vormittagsstunden. Die Jungen werden einfach im Geäst abgestreift oder fallen gelassen. Sie sind nur von einer durchsichtigen Membrane umschlossen, aus der sie sich sofort nach der Geburt befreien.

Viele Chamäleonarten leben höchsten zwei bis drei Jahre, im Terrarium erhöht sich ihr Durchschnittsalter vielleicht um ein bis zwei Jahre. Entsprechend früh erreichen sie ihre Geschlechtsreife, die bei manchen Arten schon nach drei bis sechs Monaten einsetzt. Nur wenige Arten erreichen mit bis zu acht Jahren ein recht hohes Alter.

Haltung

Die Haltung von Chamäleons ist noch immer mit vielen Vorurteilen behaftet. Sie gelten als äußerst heikle Pfleglinge, deren schnelles Ableben kaum verhindert werden kann und deren Vermehrung fast nie gelingt. Heute weiß man von einigen Arten aber sehr genau, welche Haltungsfehler begangen wurden und wie man die Haltung verbessern kann.

Ein Chamäleon zu halten ist eine große Verantwortung. Trotz aller Fortschritte in der Haltung gibt es kein Rezept, das Sie nur nachmachen müssen, um in der Pflege erfolgreich zu sein. Solch ein Rezept werden Sie wahrscheinlich auch nie für die Chamäleonhaltung bekommen. Sie müssen mit großem Engagement bei der Sache sein und für Ihr Hobby Zeit und Geld einplanen. Aus Fehlern der Vergangenheit müssen wir alle lernen.

Aktuelle Probleme der Chamäleonhaltung

Wenn Sie sich vor dem Kauf eines Chamäleons über die auch heute noch bestehenden Schwierigkeiten der Haltung bewusst sind, wird Ihnen bestimmt einiger Frust erspart bleiben. Auch heute ist bei weitem nicht alles über diese Tiere bekannt und wir stoßen auf ähnliche Probleme, mit denen schon die Pioniere auf diesem Gebiet zu kämpfen hatten.

Das richtige Klima

Es ist nicht immer einfach, ein artgerechtes Klima im Terrarium nachzubilden. Die technischen Möglichkeiten werden zwar immer ausgereifter, aber sie sind nicht immer preiswert und lohnen meist erst, wenn man mehrere Terrarien betreibt. Ein großer technischer Aufwand ist abschreckend und für einen Anfänger, der vielleicht zwei Terrarien betreiben will, auch nicht notwendig. Der Einsatz von viel Technik ist nicht der Garant für eine fehlerfreie, perfekte Haltung. Nicht einmal jeder Züchter, der unter Umständen mehrere Dutzend Terrarien zu versorgen hat, automatisiert unbedingt alle Abläufe. In diesem Fall ist ein erhöhtes Maß an Handarbeit notwendig.

Chamaeleo quilensis besitzt ein sehr großes Verbreitungsgebiet, so dass der genaue Fundort zur Einstellung des richtigen Terrarienklimas sehr wichtig ist. Foto: B. Kahl

Haltung

Wildfänge

Viele Chamäleons, die Sie im Handel erwerben, sind Wildfänge. Für den Gesundheitszustand bedeutet dies zum einen, dass die Tiere einen langen und mühsamen Transport hinter sich haben und wahrscheinlich schlecht mit Wasser und Nahrung versorgt wurden, zum anderen landen häufig nur adulte Chamäleons in den Geschäften, da die Jungtiere den Transport selten überleben. Die Ursache hierfür liegt neben der schlechten Versorgung vor allem an dem ungeheuren Stress, dem die Tiere ausgesetzt sind. Nicht selten werden sie gleich nach dem Fang zu hunderten in einem Terrarium gehalten. Vor allem Jungtiere sind diesem Stress nicht gewachsen und gehen schnell ein.
Chamäleons, die in der Natur gefangen werden, sind Wirte verschiedenster Parasiten. Der Befall stellt in der Natur kaum ein Problem dar, weil sich die Chamäleons und die Parasiten in einem sensiblen, aber funktionierenden Gleichgewicht befinden.

Die Stresssituation der Zwischenhaltung und des Transportes hat einen negativen Einfluss auf den Organismus der Tiere. Durch die zeitweise Verschlechterung der Lebensumstände, wie sie der Transport darstellt, wird das Immunsystem der Chamäleons geschwächt und das Gleichgewicht kann sich zu Gunsten der Parasiten verschieben. Das Chamäleon erkrankt und stirbt meistens.
Als Folge erhalten Sie ein Chamäleon, das sich weder in einem guten Gesundheitszustand befindet, noch kennen Sie sein genaues Alter. Die meisten Chamäleons werden in der Natur nur zwei bis fünf Jahre alt, Nachzuchten nur unwesentlich älter. Rechnen Sie ein, dass ein ausgewachsenes Chamäleon so ziemlich jedes Alter zwischen einem knappen Jahr und kurz vor seinem natürlichen Tod haben kann, dann sind die „Schreckensmeldungen" von schnell sterbenden Chamäleons nur allzu verständlich. Wenn Sie ein Chamäleon im Handel kaufen, achten

Sie besonders auf die Seriösität des Händlers. Es gibt einen sehr guten Fachhandel, doch Sie müssen sich informieren.
Es verwundert letztlich nicht, dass viele Chamäleonarten auch heute noch zu den ausgesprochen heikel zu haltenden Terrarienbewohnern gehören. Erst wenige Arten werden seit mehreren Jahren gehalten und die idealen Haltungsbedingungen vieler Arten müssen erst noch erforscht werden. Je mehr wir über die zu pflegende Art wissen, desto genauer sind wir in der Lage, die Ansprüche des Pfleglings zu definieren und zu erfüllen. Da viele Züchter keine Zeit oder Muße finden, Ihre Haltungs- und Nachzuchterfolge zu veröffentlichen, hilft meist nur das persönliche Gespräch und der direkte Kontakt, um mehr über die eine oder andere Art zu erfahren. Dem Anfänger muss von dem Erwerb von Wildfängen abgeraten werden, da hier die beschriebenen Risiken ein schnelles Ableben des Chamäleons wahrscheinlicher machen.

Einige Arten stellen Ansprüche an die Haltung, die einen Anfänger schnell überfordern können und diese Arten für ihn nicht empfehlenswert machen. Eine Art muss ausdrücklich als heikel gelten, wenn die Schaffung des natürlichen Lebensraums, und damit ist vorrangig das Klima mit seinen Schwankungen im Tages- und Jahresrhythmus gemeint, nur mit aufwändigster Pflege oder sogar nur mit teurer Technik gelingen kann. Damit sind zum einen Arten gemeint, die sehr stickluftempfindlich sind, aber eine hohe Luftfeuchtigkeit benötigen. Zum anderen sind dies Arten, die vor allem über Nacht sehr niedrige Temperaturen fordern, die nur durch eine Kühlung erreicht werden können. Kaum jemand, der das Feld der Chamäleonhaltung versuchsweise betritt, möchte eine derartige Investition tätigen. Da leider ein gewisser Fanatismus vorherrscht, wenn man sich ausgerechnet in eine der heiklen Art ver-

Haltung

Anfängerarten?

Den Begriff der „Anfängerart" halte ich, obwohl ich ihn selbst auch benutze, für kritisch. Es gibt Chamäleonarten, die sich im Terrarium einfacher halten lassen als andere. Das bedeutet aber nicht, dass man sich bei der Pflege weniger anstrengen muss, oder diese Arten jeden Haltungsfehler tolerieren. Bestimmte Chamäleonarten sind für den Anfänger besser geeignet, weil sie gewisse Kriterien erfüllen, die ihre Haltung vereinfachen. Entscheidende Pluspunkte dieser Arten können wie folgt zusammengefasst werden:

- Ihre klimatischen Ansprüche müssen sich leicht schaffen lassen. Tagsüber eine höhere Temperatur zu schaffen, stellt in der Terraristik kein Problem dar.
- Die Art sollte über Generationen erfolgreich nachgezüchtet worden sein. So erhalten Sie sowohl die bestmögliche Beschreibung der Haltungsansprüche als auch gesundheitlich einwandfreie Nachzuchttiere.
- Die Art sollte ein hohes Adaptionsvermögen haben.
- Sie sollten die Jungtiere direkt beim Züchter abholen können, denn für Chamäleons kommt eine Verschickung nicht infrage.

Tatsächlich halten viele Terrarianer ihre Chamäleons aber schon über Generationen, und Nachzuchten sind bei einigen Arten an der Tagesordnung. Auch wenn Ihnen eine gewisse Erfahrung in der Terraristik helfen kann, das wirkliche Erfolgsrezept liegt in der persönlichen Einstellung, dem Willen, sich dieser Reptilien anzunehmen und sie artgerecht halten zu wollen. Als Einsteiger auf diesem Gebiet sollten Sie sich fragen, ob Sie den folgenden Anforderungen wirklich gewachsen sind.

Platz

Fangen wir mit einer einfachen Frage an: Haben Sie genügend Platz in Ihrer Wohnung? Das klingt vielleicht banal, aber haben Sie schon darüber nachgedacht, dass Sie neben dem Platz für das eigentliche Terrarium, das je nach Art eine Grundfläche von mindestens einem halben bis zwei Quadratmetern hat, auch Raum beispielsweise für Aufzuchtterrarien, Futtertiere oder Quarantäneterrarien benötigen? Der benötigte Platz erreicht nach diesen Überlegungen schnell die Ausmaße eines eigenen Hobbyraums, zumindest schränkt er Sie ein.

Haben Sie einen geeigneten Platz? Das Terrarium darf für manche Arten nicht in einem Südzimmer stehen, denn die Temperaturen werden hier in unseren Sommermonaten zu hoch liegen. Nachts brauchen die Chamäleons eine konsequente Nachtruhe, die weder durch Erschütterungen (beispielsweise durch Schritte) noch durch Licht gestört wird. Eine Aufstel-

liebt hat, werden diese ersten Haltungsversuche oftmals mit dem schnellen Ableben der Pfleglinge, einem großen Frust und vielleicht dem völligen Rückzug aus der Chamäleonhaltung beendet.

Überlegungen vor dem Kauf

Sie haben sich Gedanken über die Anschaffung eines Chamäleons gemacht und konnten bisher nur von Problemen lesen.

Haltung

lung in Räumen, die Sie nach dem Abschalten der Beleuchtung oft betreten müssen, scheidet somit aus. Insgesamt darf der Raum auch tagsüber nicht zu belebt sein, da dies für die Chamäleons unnötigen Stress bedeutet.

Der finanzielle Aspekt

Nicht zu vergessen ist der finanzielle Aspekt. Der Einstieg in die Terraristik ist nicht billig. Ein Terrarium können Sie mit etwas Geschick recht kostengünstig selbst bauen oder sie lassen es eher kostspielig anfertigen. Ein Chamäleon der in diesem Buch beschriebenen Arten bekommen Sie je nach Bezugsquelle schon für unter 50 Euro. Für seltene Arten werden schon bis zu mehreren tausend Euro gezahlt.

Neben den Anschaffungskosten fallen laufende Kosten zum Unterhalt der Terrarien und für Futtertiere an. Die Beschaffung der Futtertiere ist heute kein größeres Problem mehr, da viele Zoogeschäfte inzwischen Lebendfutter bereit halten und zentrale Versender Terrarianer direkt beliefern. Verschiedene Händler sind sogar schon über das Internet erreichbar. Als Alternative können Sie selbst einige Futtertiere züchten und im Sommer, wozu unbedingt ge-

Sogenannte „Montan-Arten" wie *Chamaeleo (Trioceros) jacksonii* erfordern meist einen technisch höheren Aufwand und mehr Aufmerksamkeit. Foto: Kahl

Haltung

raten werden muss, im unbelasteten Freiland Futtertiere selbst fangen.

Zeit und Einsatz

Die Haltung von lebenden Tieren ist nicht mit irgend einem anderen Hobby zu vergleichen, das Sie mal eben zur Seite schieben können, wenn Sie keine Lust haben. Für Ihre Chamäleons müssen Sie täglich sorgen. Sie können sich keine Auszeit nehmen. Diesen Umstand müssen Sie, genau wie den finanziellen Aspekt, unbedingt mit Ihrer Familie besprechen. Wenn Sie einmal in den Urlaub fahren wollen, müssen Ihre Chamäleons von einem fachkundigen Bekannten versorgt werden. Erwachsene Chamäleons – ausgenommen gravide oder gerade niedergekommene Weibchen, die täglich gefüttert werden müssen – kommen zwar bis zu einer Woche ohne Futter aus, aber die Terrarien müssen gereinigt und täglich gesprüht werden. Nur so können die Chamäleons genügend Wasser über Tropfen an Blättern aufnehmen.

Wenn Sie all diese Punkte mit sich und Ihrem Umfeld abgeklärt haben und sie gemeinsam zu einem positiven Ergebnis gekommen sind, können Sie mit den Vorbereitungen beginnen.

Erste Schritte

Wenn Sie das erste Mal ein Chamäleon pflegen, halten Sie sich an den Tipp von echten Experten und machen Sie Ihre ersten Schritte mit einem gut zu haltenden Pflegling. Auch eine vergleichsweise leicht zu haltende Art wird Sie anfangs genügend beschäftigen. Dabei sind die Arten, die wir Ihnen am Ende des Buches vorstellen, nicht minder interessant oder schön anzusehen als viele der heikleren Chamäleonarten. Machen Sie Ihre ersten Erfahrungen im Umgang mit diesen Reptilien mit einer Art, die Ihnen auch die Möglichkeit zu Erfolgserlebnissen bietet. Bauen Sie auf diesen Erfahrungen auf und vielleicht fühlen Sie

Ein Blick auf diese Aufzuchtanlage macht deutlich, dass dieses Hobby auch viel Arbeit bedeuten kann!

sich eines Tages wirklich bereit, eine der anspruchsvolleren Arten zu pflegen.

Das Terrarium als künftiger Lebensraum für Ihr Chamäleon kann gar nicht sorgfältig genug ausgesucht werden. Erkundigen Sie sich genau nach den Anforderungen Ihrer Art. Wie Sie weiter unten lesen werden, sind handelsübliche Glas- und Plastikterrarien zur Pflege eines Chamäleons vollkommen ungeeignet! Sie müssen also selbst Hand anlegen oder im Spezialhandel ein Chamäleonterrarium bauen lassen. Richten Sie dann das Terrarium nach den Bedürfnissen Ihrer Art ein. Nehmen Sie Kontakt zu Züchtern oder vertrauenswürdigen Händlern auf und fragen Sie nach der Art, die Sie gerne pflegen möchten. Nehmen Sie die

Haltung

Chamäleons erst dann mit nach Hause, wenn das Terrarium wirklich fertig ist! Kontrollieren Sie schon Tage bevor Sie die Chamäleons einsetzen, ob alle Werte wie Temperatur, Luftfeuchtigkeit und Nachtabsenkung wirklich stimmen. Beachten Sie hierbei auch, dass sich die Werte je nach Jahreszeit ändern können. Experimentieren Sie mit der Beleuchtung und dem Besprühen so lange herum, bis die Haltungsbedingungen optimal sind. Erst jetzt macht es Sinn, die Chamäleons zu sich nach Hause zu holen, denn der Transport und die Umsetzung sind schon genug Stress für das Chamäleon, da darf nicht auch noch ein halbfertiger Behälter dazukommen, den Sie noch ausbessern müssen. Aus diesem Grund steht das Terrarium als der Grundstein für Ihre Haltung am Anfang des Kapitels. Erst am Ende gehen wir auf die Auswahl eines gesunden Chamäleons ein.

Calumma parsonii gehört zu den sehr selten gepflegten Chamäleons und benötigt aufgrund seiner Größe sehr geräumige Behälter.
Foto: Aqualife Taiwan

Lebensraum Terrarium

Der Bau, die Einrichtung und Ausstattung eines Terrariums hängen direkt von den Ansprüchen der zu pflegenden Art ab. In diesem Buch ist nicht der Platz, auf den Eigenbau im Detail einzugehen. Dennoch sind einige wichtige Hinweise unerlässlich, denn ein Terrarium zur Chamäleonpflege unterscheidet sich in wesentlichen Punkten von handelsüblichen Terrarien für andere Amphibien und Reptilien.

Der Aufbau

Handelsübliche Terrarien sind meist wie Aquarien aus Glas geklebt und besitzen einen Belüftungsstreifen im hinteren Teil des Deckels und eine Belüftungskassette unterhalb der Schiebetüren in der Front. Diese Terrarien sind nur nach einer Vergrößerung der Lüftungsflächen für einige Chamäleonarten geeignet. Die Lüftungsfläche im Deckel sollte am besten aus luftdurchlässiger Aluminiumgaze bestehen (Kunststoff wird von den Futtertieren zerbissen) und für „Erdchamäleons" mindestens ein Drittel der Fläche ausmachen. Auch einige der „Echten Chamäleons" lassen sich in umgebauten Glasbecken halten. Hierfür muss aber die gesamte Deckelfläche mit Gaze bespannt und die Lüftungskassette vergrößert werden. Alte

Haltung

Aquarien lassen sich übrigens hochkant auf eine Seite gestellt auf die gleiche einfache Art und Weise umfunktionieren.

Besser, und für die meisten Arten unumgänglich, sind jedoch Rahmenkonstruktionen aus Winkelprofilen oder etwas billiger aus Holzleisten. Sehr praktisch und schön, wenn auch etwas teurer, sind sogenannte Aluminium-Stecksysteme, die als Vierkantprofile mit verschiedenen Stegen und passenden Eckverbindungen erhältlich sind. Die offenen Seiten dieser Rahmen lassen sich nun nach Bedarf mit Gaze, Kunststoff, Klapp-, Schiebe- oder Schwingtüren oder auch Glas füllen. Vergessen Sie dabei nicht, eine genügend hohe Bodenwanne, am besten direkt mit einem Abfluss, einzuplanen. Wenn Sie Glas als Baustoff verwenden, sollten Sie es durch Bekleben mit Kork oder Ähnlichem von innen entspiegeln, denn ein Chamäleon erkennt keinen Unterschied zwischen seinem Spiegelbild und einem Artgenossen. Für kleinere oder relativ schlanke und hohe Behälter können Sie auch eine Struktur- oder Milchglasfolie von innen aufkleben. So fällt noch Licht in das Terrarium, obwohl die jeweilige Scheibe blickdicht ist, und es entsteht nicht der Eindruck eines dunklen Kartons oder Kamins.

Als Kunststoff eignen sich sowohl feste Hartkunststoffplatten, die es in verschiedenen Stärken im Baumarkt oder bei Fensterherstellern gibt, sowie auch transparentes Plexiglas, das Sie aus den oben genannten Gründen am besten gleich mit Struktur oder als Milchglas kaufen. Wird im Sichtbereich Gaze verwendet, dann bietet sich schwarze oder zumindest dunkle Aluminiumgaze an, die praktisch unsichtbar ist. Die nötige Verteilung von Gaze und geschlossenen Flächen ergibt sich aus der Stickluftempfindlichkeit der Art. Lesen Sie deshalb unbedingt den speziellen Artenteil und überlegen vor dem Bau, welche Art Sie halten möchten.

Die Größe

Die Größe des Terrariums richtet sich sowohl nach der Größe und der Lebensweise der zu pflegenden Art als auch nach der Anzahl der gemeinsam gehaltenen Tiere. Terrarien für baumbewohnende Arten sind mit einer kleineren Grundfläche mehr in die Höhe gebaut, wohingegen Terrarien für bodenbewohnende Chamäleons eine größere Grundfläche besitzen sollten, dafür aber nicht so hoch sein müssen. Wenn Sie die

Hier sehen Sie ein typisch umgebautes Glasbecken, bei dem die Scheiben von innen abgeklebt und die Lüftungsflächen vergrößert wurden.

Haltung

Möglichkeit haben, richten Sie von Anfang an größere Terrarien ein, als es die Mindestmaße vorschreiben. Die Chamäleons profitieren davon, und auch Sie haben eindeutige Vorteile bei der Haltung. Zu große Terrarien gibt es eigentlich nicht. Das Terrarium sollte aber übersichtlich bleiben, und Sie sollten Ihre Pfleglinge noch beobachten können. Es macht keinen Sinn, eine nur wenige Zentimeter lange *Brookesia*-Art in einem Terrarium mit einem Meter Kantenlänge zu halten, denn Sie werden die Chamäleons wahrscheinlich nie zu Gesicht bekommen.

Das richtige Klima spielt eine entscheidende Rolle bei der artgerechten Haltung. Je kleiner das Terrarium ist, desto homogener ist das Klima in diesem Terrarium. In einem großen Terrarium haben Sie mit punktuellen Erwärmungen, dichter oder lockerer Bepflanzung, stellenweise feuchterem oder trockenerem Bodengrund viel bessere Möglichkeiten, dem Chamäleon ein breites Spektrum an Mikroklimazonen zu schaffen, in denen es sich nach Bedarf aufhalten kann.

Das Terrarium muss für Sie gut zugänglich sein. Am besten ist, Sie können die Frontseite weit öffnen. Eine Klapptür aus Gaze hat sich bewährt und ist auch für eine ausreichende Belüftung unumgänglich. Sie erreichen so fast jeden Winkel, ohne die Chamäleons zu sehr stören zu müssen. Wenn es die Stabilität Ihrer Konstruktion zulässt, halten wir eine Eingriffmöglichkeit durch den Deckel ebenfalls für sinnvoll.

Die Einrichtung

Die Einrichtung des Terrariums richtet sich stark nach den Bedürfnissen der jeweiligen Art. Denken Sie daran, eventuell vorhan-

> **Mindestmaße**
>
> Als Faustregel für die Mindestmaße eines Terrariums gilt:
>
> **Für baumbewohnende Arten:**
> **Grundfläche = 3 KRL x 4 KRL**
> **Höhe = 6 KRL**
>
> **Für bodenbewohnende Arten:**
> **Grundfläche = 6 KRL x 4 KRL**
> **Höhe = 4 KRL**
>
> „KRL" beschreibt dabei die Kopf-Rumpf-Länge des Chamäleons, also die Gesamtlänge minus Schwanzlänge. Vergesellschaften Sie bei Arten, die dies zulassen, mehrere Individuen, dann multiplizieren Sie das Mindestvolumen (nicht die Kantenlängen!) mit der letztlichen Besatzzahl, um so das Mindestvolumen zu errechnen. Bedenken Sie, dass viele Chamäleonarten zwar zeitweise vergesellschaftet werden können, das friedliche Nebeneinander aber häufig während der Trächtigkeit der Weibchen vorbei ist und Sie die Tiere dann trennen müssen. Halten Sie für diesen Fall besser von vornherein die entsprechenden Terrarien bereit! Diese Mindestmaße sind durch ein Gutachten gesetzlich vorgeschrieben.

dene Seitenteile aus Glas zu entspiegeln, indem Sie sie von innen mit Korkplatten oder Milch- oder Strukturglasfolien abkleben. Korkplatten haben den Vorteil, dass sie einen ausgleichenden Einfluss auf die Luftfeuchtigkeit haben, da sie begrenzt Wasser speichern können. Grundsätzlich ist ein dichter Besatz mit lebenden Pflanzen zu empfehlen, da sich Chamäleons gerne in Verstecke zurückziehen. Arbo-

Haltung

ricolen Arten bieten Sie viele Kletteräste verschiedener Stärke an. Nutzen Sie dabei den gesamten Raum des Terrariums aus, so dass das Chamäleon auf allen Höhen und der gesamten Fläche einen Sitzplatz finden kann. Lampen oder Strahler bringen Sie grundsätzlich über dem Terrarium mit einem ausreichenden Abstand an, damit sich die Tiere nicht daran verbrennen können. Als Drainageschicht sollten Sie eine etwa fünf Zentimeter hohe Schicht aus sehr grobem Kies oder besser aus grobem Hydrokultursubstrat auf den Boden geben. Der darauf liegende Bodengrund muss für Weibchen oviparer Arten aus einer zehn bis dreißig Zentimeter hohen Schicht aus feuchter Erde bestehen, wobei sich ein Gemisch aus Sand und Torf, der die Feuchtigkeit gut speichern kann, bewährt hat. Als Sand eignet sich handelsüblicher Sandkasten-Sand für Kinder am besten. Je nach gepflegter Art muss der Bodengrund vor der Eiablage auf eine bestimmte Temperatur gebracht werden und einen natürlichen Feuchtigkeitsgradienten haben. Bodennahen Arten bieten Sie einen Bodengrund aus einem Torf-Sand-Gemisch an, das Sie den Bedürfnissen der Art entsprechend feucht halten. Bei einigen Arten empfiehlt sich eine oberste Schicht aus gröberen Korkbröseln über dem Sand-Torf-Gemisch. In der Natur halten sich diese Arten häufig auf der Laubschicht der Wälder auf, die gröberen Korkbrösel kommen diesem Untergrund oft näher als eine reine Erdeschicht. Wir haben bisher auch keine schlechten Erfahrungen damit gemacht, einfach Laub und Moos aus dem Wald mitzunehmen und in die Terrarien zu legen. Auch wenn diese Arten weniger klettern, sollten doch viele Pflanzen eingesetzt werden, da es diese Chamäleons schattig mit vielen Versteckmöglichkeiten lieben.

Der Einsatz von lebenden Pflanzen wirkt nicht nur natürlicher, er hat auch haltungstechnische Vorteile. Es empfielt sich, die Pflanzen nicht in ihren Töpfen zu lassen, sondern sie direkt in das Bodensubstrat zu pflanzen. Viele Chamäleons legen ihre Eier gerne in die geschützten Bereiche des Wurzelwerks ab. Für Sie ist die Pflege dann zwar etwas aufwändiger, wenn Sie eine Pflanze

Die typische Einrichtung für viele baumbewohnende Chamäleonarten. Neben einer dichten Bepflanzung finden sich viele Kletteräste in allen Höhen.

Haltung

auswechseln wollen oder die empfindlichen Eier vorsichtig aus dem Wurzelwerk entfernen müssen, aber der positive Effekt auf die Eiablage macht dieses Minus mehr als wett. Die Pflanzen sorgen für ein natürliches Mikroklima, indem sie die Luftfeuchtigkeit halten und zu konstanten Temperaturzonen beitragen. Je dichter das Terrarium allerdings bepflanzt ist, desto schneller kann sich die Luft stauen, und es muss für eine ausreichende Belüftung gesorgt werden. Die wenigsten Chamäleonarten trinken aus Wassernäpfen. Meist nehmen sie das Wasser in Form von Tautropfen, Regentropfen oder aus Blattachseln auf. Zur Bepflanzung eignen sich deshalb neben verschiedenen *Ficus*-Arten, auch rankender *Scindapsus* oder *Philodendron*. Der Zierspargel, *Asparagus*, hält durch seine bizarre Blattstruktur Wassertropfen besonders gut und lange und sollte in keinem Terrarium fehlen.

Die Lichtverhältnisse

Chamäleons benötigen aufgrund der besonderen Konstruktion ihrer Augen ausreichend Licht, um gut sehen und somit gut auf Futtertiere zielen zu können. Dabei ist den artspezifischen Vorlieben Rechnung zu tragen, denn es gibt sehr heliophile Arten, die viel Licht brauchen und auch nur dann gut sehen. Es gibt aber auch schattenliebende Arten, die eine übermäßige Beleuchtung nicht vertragen und sogar meiden. Diese Arten sehen auch bei weniger Licht noch ausreichend. Grundsätzlich

So kann eine Terrarienanlage für den Balkon aussehen. Die oberhalb installierten Strahler sorgen an bedeckten Tagen für genügend Licht und Wärme.

empfiehlt sich der Einsatz von Vollspektrum Leuchtstoffröhren als Grundbeleuchtung über den Tag. Als zusätzliche Strahler verwenden Sie bei wärmeliebenden Arten HQL-Lampen, die eine hohe Eigenwärme entwickeln, bei montanen Chamäleonarten, die meist keine hohen Temperaturen tolerieren, die kühleren HQI-Lampen. Beide Lampensorten – Daylightbirnen vorausgesetzt – senden ein Lichtspektrum aus, das dem des Sonnenlichtes sehr nahe kommt und einen geringen UV-Anteil enthält. HQI-Lampen sind in ihrer Anschaffung zwar sehr teuer, haben aber eine sehr lange Lebensdauer, verbrauchen wenig Strom, da sie wenig Energie in Wärme um-

Haltung

setzen, und zahlen sich so schon nach kurzer Zeit aus. Achten Sie vor allem bei den HQL-Lampen auf die beachtliche Wärmeentwicklung und bringen Sie sie mit ausreichendem Abstand über dem Terrarium an. Die Wärmeentwicklung der Leuchtstoffröhren und HQI-Lampen ist nicht so stark, muss aber auch beachtet werden. Suchen Sie eine preiswerte Alternative zu den HQI- oder HQL-Strahlern, genügen entweder normale Terrarienspots, wie sie von vielen Herrstellern angeboten werden, oder einfache Niedervolt-Halogenspots aus dem Baumarkt.

Die tägliche Beleuchtungsdauer sollte zwischen elf und dreizehn Stunden liegen, wobei Sie morgens und abends jeweils über etwa eine Stunde das Licht langsam dimmen oder die Lichtquellen nacheinander ausschalten sollten, um so eine Dämmerung zu simulieren. Die Chamäleons begeben sich dann abends langsam zu ihren Schlafplätzen.

Die Spots installieren Sie je nach den Bedürfnissen der Art. Ebenso richten Sie die Länge der zusätzlichen Erwärmung und Beleuchtung nach den artspezifischen Ansprüchen. Der Einsatz einer oder auch mehrerer Zeitschaltuhren ist hierbei hilfreich, um Ihnen sowohl diese monotone Arbeit zu erspa-

UV-Bestrahlung?

Der UV-Anteil des natürlichen Sonnenlichtes bewirkt bei Reptilien die Sythetisierung von Vitamin D3. Dieses hilft Kalzium in die Blutbahn zu bringen und es so beispielsweise für den Knochenbau, die Eiproduktion oder die Kontraktion der Muskeln verfügbar zu machen. Vitamin D3 wird in der Terrarienpflege meist in ausreichendem Maße über eingestäubte Futtertiere zugeführt (siehe Kapitel „Ernährung"). Eine zusätzliche Bestrahlung mit sehr hohen Dosen UV-Licht, wie sie bei der Verwendung sehr wattstarker Spezialleuchten auftritt, würde zwangsläufig durch ein „Zuviel" an Vitamin D3 eine „Hypervitaminose" verursachen. Dieser Effekt ist auch bei der Freilandhaltung in Gazebecken zu berücksichtigen. Immer, wenn das Chamäleon der natürlichen Sonnenstrahlung ohne Glasbarrieren (Glas filtert die UV-Strahlung heraus) ausgesetzt ist, sollten Sie Präparate ohne oder zumindest mit einem reduzierten D3-Anteil verwenden. Die oben angesprochenen starken UV-Strahler (als Größenordnung etwa 300 Watt) bergen außerdem das Risiko Augenentzündungen zu verursachen, wenn keine ausreichenden Abstände eingehalten werden, oder die Bestrahlungsdauer zu lang gewählt wird. Auf der anderen Seite gibt es Vermutungen, dass Chamäleons in ihren Augen UV-empfindliche Rezeptoren besitzen – sie könnten also durchaus zur Wahrnehmung dieser Strahlung fähig sein. Hierin könnte eine Erklärung dafür liegen, warum Chamäleons erst bei qualitativ hochwertiger Beleuchtung ihr volles Farb- und Verhaltensspektrum zeigen. Der UV-Anteil der weiter oben beschriebenen Leuchtstoffröhren sowie der HQL- und HQI-Lampen scheint uns jedoch ausreichend und ungefährlicher. Die ideale Beleuchtung stellt natürlich nach wie vor ungefiltertes Tageslicht in einer Außenanlage dar.

Haltung

ren, als auch um einen gleichbleibenden Tages- und Nachtrhythmus für die Chamäleons zu schaffen.
Die Lichtverhältnisse in der Heimat einer Art können einem jahreszeitlichen Rhythmus unterworfen sein, der von Ihnen nachempfunden werden muss und bei einigen Arten mitentscheidend für die Fortpflanzungsbereitschaft ist.

Die Temperatur

Viele Chamäleons lieben es tagsüber warm mit Temperaturen bis 30 °C, die lokal sogar noch etwas darüber liegen dürfen. Aber es gibt auch viele Arten, die niedrigere Temperaturen benötigen. Eine Nachtabsenkung ist bei allen Chamäleonarten zwingend! Manche benötigen nachts Temperaturen unter 15 °C, die meist nur in Kellerräumen zu realisieren sind.

Die höheren Tagestemperaturen erreichen Sie schnell durch die künstliche Beleuchtung. Sollten die Temperaturen nicht ausreichen, können Sie – wie beschrieben – Spots installieren. Diese können entweder auf das gesamte Terrarium gerichtet sein oder lokal einige Stellen erwärmen. Diese lokalen Wärmeflecken dürfen, wenn es die Art benötigt, Temperaturen von bis zu 35 °C erreichen. Die gewählte Leistung der Strahler hängt davon ab, welche Lampenart sie verwenden, welche Temperaturen Sie erreichen wollen und welches Volumen Sie erwärmen wollen. Generell kommen punktförmige Strahler mit weniger Watt aus, da sie nur einen kleineren Bereich beleuchten. Wärmequellen ohne Licht, wie sie häufig in der Reptilienhaltung einge-

Ein weibliches *Chamaeleo (Trioceros) jacksonii merumontanum*. Im natürlichen Sonnenlicht zeigen Chamäleons oft besonders schöne Farben.

Haltung

setzt werden (Keramiklampen), haben in der Chamäleonhaltung absolut nichts zu suchen! Es kommt im Terrarium immer wieder zu Verbrennungen, weil Wärme von Chamäleons nur in Verbindung mit Licht richtig eingeschätzt werden kann.

Je größer das Terrarium ist, desto bessere Möglichkeiten haben Sie, beispielsweise durch eine Spotbestrahlung, verschiedene Temperaturzonen zu schaffen, in denen sich die Chamäleons – je nach Bedarf – aufhalten können. Aber auch ein Terrarium, das sich nur in den Mindestmaßen bewegt, hat einen natürlichen Temperaturgradienten, der von oben nach unten fällt. Am besten kontrollieren Sie die Temperatur über mehrere Thermometer, die Sie – auf verschiedenen Ebenen des Terrariums – verteilt aufhängen.

Wesentlich schwieriger als das Erreichen der Tagestemperatur kann die Absenkung nachts sein. Da ein Großteil der Erwärmung von den installierten Lichtquellen ausgeht, erreichen Sie eine gewisse Temperaturabsenkung, wenn diese abends abgeschaltet werden. Problematisch wird es, wenn die erforderlichen niedrigen Temperaturen dann nicht erreicht werden. Dies kann in unseren Breiten im Sommer durchaus der Fall sein. Eine erhöhte Luftfeuchtigkeit – verschiedene Chamäleons fordern nachts eine fast hundertprozentige Sättigung – trägt nochmals zur Tempertursenkung bei. Technische Hilfsmittel zur Kühlung sind hingegen wesentlich aufwändiger, als eine einfache Heizlampe. Sie sollten sich anfangs für eine Art entscheiden, die unseren Sommer mit seinen etwas höheren Nachttemperaturen verträgt.

Die Luftfeuchtigkeit

Die meisten Chamäleons benötigen im Vergleich zu den Verhältnissen einer beheizten Wohnung eine recht hohe Luftfeuchtigkeit. Die Luftfeuchtigkeit in unseren Wohnräumen beträgt meist nur 30 bis 50 %. Chamäleons benötigen je nach Art eine zeitweise Luftfeuchtigkeit von über 70 bis annähernd 100 %. Diese Werte sind Spitzenwerte, die einige Zeit nach dem Sprühen gehalten werden sollten. Natürlich muss die Luftfeuchtigkeit nicht den ganzen Tag über so hoch sein. Die Höhe der Luftfeuchtigkeit hängt von verschiedenen Faktoren wie unter anderem der Temperatur, der Belüftung, dem Bodensubstrat und der Pflanzendichte ab. Technische Hilfsmittel – wie Nebelanlagen oder Sprenkleranlagen – sind meist aufwändig zu installieren, recht teuer und deshalb erst im semiprofessionellen Bereich zu empfehlen.

Wie häufig Sie die Terrarien besprühen müssen, um die gewünschte Luftfeuchtigkeit zu erhalten, ist ein Erfahrungswert, den Sie durch Versuche herausfinden müssen. Am besten kontrollieren Sie die Luftfeuchtigkeit über mehrere Hygrometer, die Sie, auf verschiedene Ebenen des Terrariums verteilt, aufhängen. Als Anhaltspunkt, ob die Luftfeuchtigkeit und Belüftung in einem guten Verhältnis stehen, können Sie folgende Probe machen: Besprühen Sie das Terrarium morgens ausreichend, so dass Tropfen an den Blättern hängen bleiben. Nach etwa zwei Stunden muss das Wasser verdunstet sein. Wenn das Wasser sofort verdunstet, ist die Durchlüftung zu hoch, finden Sie am Abend immer noch eine nahezu gesättigte Luftfeuchtigkeit im Ter-

Haltung

Das Herkunftsgebiet von *Bradypodion xenorhinum* gehört zu den regenreichsten Gebieten Afrikas. Dem ist im Terrarium durch häufiges Sprühen Rechnung zu tragen.

rarium vor, dann ist die Durchlüftung zu gering. Je nach Ergebnis experimentieren Sie mit größeren oder kleineren Lüftungsflächen.

Viele Chamäleons benötigen eine relativ hohe Luftfeuchtigkeit, Stauluft im Terrarium begünstigt aber gleichzeitig die Entwicklung von Krankheitskeimen. Das Problem besteht darin, dass ein Terrarium aus geschlossenen Flächen und gazebespannten Lüftungsflächen besteht. Durch die gazebespannten Flächen kann die Luft gut zirkulieren, im Zuge verdunstet das Wasser aber auch schneller, so dass die Luftfeuchtigkeit nach dem Besprühen schneller wieder sinkt. Größere geschlossene Flächen halten die Luftfeuchtigkeit besser, lassen aber eine geringere Luftzirkulation zu. Sie müssen eine gute Abstimmung zwischen einer ausreichenden Luftzirkulation und der geforderten Luftfeuchtigkeit und somit zwischen geschlossenen und offenen Flächen finden.

Tägliches Besprühen ist Pflicht. Je nach Bau des Terrariums und den Ansprüchen der Art bis zu mehreren Malen.

Der Flüssigkeitsbedarf der Chamäleons fällt und steigt mit der Luftfeuchtigkeit. Allein beim Atmen verlieren sie ständig Flüssigkeit und geben mehr ab, je trockener es ist – auch über ihre vermeintlich wasserdichte Haut. Da die wenigsten Arten an eine Wasserschale gehen, decken sie ihren Flüssigkeitsbedarf über Wassertropfen, die nach dem Sprühen an den Blättern und Ästen hängen.

Haltung

Häutungsschwierigkeiten

Häutungsschwierigkeiten sind meist die direkte Folge von Haltungsfehlern. Bei einer zu feuchten Haltung können bereits gehäutete Hautpartien verkleben und lösen sich nicht vollständig, bei einer zu trockenen Haltung löst sich die Haut nur schlecht oder gar nicht. Es ist für die meisten Chamäleons typisch, dass sie sich nicht im Stück, sondern in Fetzen häuten, was sich auch über mehrere Tage hinziehen kann. Sollten sich Hautteile nicht lösen, dann müssen Sie sowohl die Haltungsbedingungen überprüfen, als auch bei der Häutung nachhelfen. Am besten weichen Sie die betroffenen Hautpartien mit einer lauwarmen Kamillelösung ein und ziehen sie dann vorsichtig mit einer stumpfen Pinzette ab. Verbleiben alte Hautreste am Körper, so kann dies zu Durchblutungsschwierigkeiten, im schlimmsten Fall zum Absterben ganzer Gliedmaßen führen. Deshalb entfernen Sie Hautreste um die Gliedmaßen und den Schwanz sofort gründlich und vorsichtig.

Das Panther-Chamäleon, *Furcifer pardalis*, häutet sich meist in großen Fetzen. Die Häutung dieses Chamäleons scheint problemlos abzulaufen.

Der Aufstellort

Das Zimmerterrarium darf nicht dem direkten Sonnenlicht ausgesetzt sein, soll aber an einem hellen Ort stehen. Die direkte Sonneneinstrahlung kann Terrarien – besonders Glasbehälter – schnell sehr stark aufheizen. Je kleiner ein Terrarium ist, desto schneller überhitzt es auch. Eine gelegentliche Sonneneinstrahlung, besonders in den Morgenstunden (Fenster nach Osten), ist sehr positiv, solange die Temperaturen in dieser Zeit nicht über die Toleranzgrenze hinaus steigen.

Das Terrarium darf nicht auf dem Boden stehen, denn ein Chamäleon möchte einen Raum überblicken können. Ideal ist die Aufstellhöhe so gewählt, dass sich der mittlere Bereich des Terrariums auf Ihrer Augenhöhe befindet.

Stellen Sie das Terrarium nur dort auf, wo die Nachtruhe auch wirklich gewährleistet ist! Es sind schon Chamäleons an Stress gestorben, weil sie in Zimmern standen, in denen nachts immer wieder das Licht angemacht wurde.

Ebenso müssen Sie darauf achten, dass sich das Chamäleon nicht in einem Spiegel sehen kann. Das Spiegelbild stresst ein Chamäleon mindestens ebenso, wie ein lebender Artgenosse, denn den Unterschied erkennt es nicht! Bedenken Sie hierbei, dass sich das Chamäleon auch in den Seiten des Terrarium spiegeln kann, wenn diese aus Glas sind! Wie schon mehrfach gesagt: Glas ist als Baustoff für ein Chamäleonterrarium ungeeignet und muss unbedingt mit Korkplatten oder Folien von innen abgeklebt werden.

Chamäleons werden schon vom Anblick

Haltung

eines anderen Chamäleons gestresst. Stellen Sie die Terrarien deshalb so auf, dass auch kein Sichtkontakt zu anderen Chamäleons besteht.

Auch ein belebter Raum bedeutet Stress für Chamäleons. Am besten steht das Terrarium in einem Zimmer, das nicht für Hund oder Katze offen ist. Ebenso sollten Ihre kleinen Kinder in diesem Raum nicht ihr Spielzimmer haben.

Toleranzen

Chamäleons sind – je nach Art – mehr oder weniger tolerant gegenüber veränderten Lebensbedingungen. Dabei können sowohl die Einrichtung und die Art des Terrariums falsch gewählt sein, es können auch die klimatischen Bedingungen ungenügend imitiert worden sein. Chamäleons haben in der Natur die Möglichkeit, sich einen geeigneten Platz zu suchen, im Terrarium können sie dies nur begrenzt. Sie müssen den Reptilien deshalb eine möglichst optimale Pflege bieten. Größere Terrarien bieten automatisch verschiedene Klimabereiche, so dass der für den Moment beste Platz aufgesucht werden kann. Leider gibt es Chamäleons, die Gefahren wie der Überhitzung nicht aus dem Weg gehen. Deshalb muss jeder Platz, den das Chamäleon im Terrarium aufsuchen kann, innerhalb der Toleranzgrenzen liegen. Sie finden in diesem Buch für jede Art genaue Angaben zu den optimalen Haltungsbedingungen. Dabei müssen Sie gelegentliche Abweichungen in Ihrem Terrarium von einem Grad Celsius oder zehn Prozent Luftfeuchtigkeit in beide Richtungen nicht beunruhigen, wenn Sie die idealen Haltungsbedingungen nicht ständig verfehlen. Insgesamt lässt sich bei Chamäleons die gleiche Feststellung wie bei vielen Tieren machen – Extreme werden gemieden, auch wenn sie in der Natur vorkommen und zum Alltag gehören. Es gibt einen Bereich, der ausgehalten wird und einen, in dem sich die Lebewesen wohlfühlen – und den sollten wir ihnen bieten.

Wenn wir Chamäleons halten, haben wir einen Vorteil gegenüber anderen Reptilienhaltern, ein Chamäleon zeigt uns oft sehr schnell, wenn es sich nicht wohl fühlt. Wir merken das nicht erst, wenn es offensichtlich abgemagert ist oder andere Krankheitssymptome zeigt. Wir erkennen es an seinen typischen Färbungen oft viel früher. Beobachten Sie Ihre Chamäleons also genau! Je vertrauter Sie mit der von Ihnen gepflegten Art werden, desto besser können Sie anhand der Färbung und dem Verhalten erkennen, wie es Ihrem Chamäleon geht! Wenn Sie eine Auffälligkeit erkannt haben, dann müssen Sie schnell reagieren und gegebenenfalls Rat bei einem erfahrenen Halter einholen.

Weitere Haltungsoptionen

Neben der Haltung im Zimmerterrarium können Sie Chamäleons zu bestimmten Jahreszeiten auch in speziellen Freilandterrarien an der frischen Luft halten. Einige größere Chamäleonarten eignen sich zur Haltung in einem Gewächshaus, dem Wintergarten oder frei im Zimmer. Kleinere Arten könnten theoretisch auch von dieser Art der Unterbringung profitieren, doch verschwinden sie wahrscheinlich auf nimmer Wiedersehen!

Wichtige Handgriffe bei der Chamäleonpflege

Eine elementare Frage des Anfängers ist sicher: Wie gehe ich mit einem Chamäleon um? Wir wollen versuchen, die häufigsten Handgriffe zu erklären.

Allgemeine Verhaltensregel

Grundsätzlich gilt beim Handling: Bleiben Sie ruhig, bewegen Sie sich langsam, verbreiten Sie keinen Stress und machen nichts, wozu Sie das Chamäleon zwingen müssen. Wenn Sie aber mit dem Chamäon umgehen, dann gehen Sie vorsichtig aber bestimmt vor. Ihr Chamäleon wird weniger gestresst sein, wenn Sie die nötigen Handgriffe konsequent und sicher hinter sich bringen, als wenn Sie ständig abbrechen und neu ansetzen. Wenn Sie im Terrarium arbeiten müssen, so öffnen Sie es langsam und machen Sie alle Bewegungen sehr behutsam. Chamäleons sind keine Eidechsen oder Geckos, die flink versuchen, aus dem Terrarium zu fliehen. Sie sind in aller Regel angenehm bedächtig und beobachten das Geschehen. Natürlich gibt es auch Individuen, die jede Näherung mit Fauchen quittieren.

Respektieren Sie unbedingt die Ruhephasen Ihres Chamäleons, ganz besonders die Nachtruhe! Auch wenn es Sie bestimmt unter den Fingern juckt, Ihr neues Tier gleich allen Freunden und Bekannten zu zeigen: Nachtruhe ist Nachtruhe! Ein Chamäleon ist ohnehin kein Streicheltier. Wenn Sie es aber schon zeigen wollen, dann bitte am Tage und in seinem Terrarium!

Wenn Sie mehrere Chamäleons pflegen, schaffen Sie sich für jedes Tier ein eigenes Pflegeset an. Dazu gehören Pinzetten, Reinigungstücher und Pipetten. Durch diese Hygienemaßnahme vermeiden Sie die Verbreitung von Krankheitskeimen.

Die Abbildungen zeigen *Chamaeleo (Trioceros) johnstoni*

Herausnehmen

Wenn Sie Ihr Chamäleon einmal aus seinem Terrarium herausnehmen müssen, fassen Sie es nicht einfach am Körper und ziehen an ihm! Das würde Ihr Chamäleon unglaublich beunruhigen, denn dies ist der typische „Prädatorengriff"! Halten Sie eine Hand ruhig vor das Chamäleon und stupsen es leicht von hinten an. Wenn es nun noch nicht von alleine auf Ihre Hand läuft, so schieben Sie Ihre Hand zwischen den Chamäleonkörper und den Sitzplatz. Während das Chamäleon nun nach dieser Hand greift, ersetzt die andere den „Ankerplatz" für den Schwanz. Auch hier gilt: Will Ihr Chamäleon partout nicht auf die Hand kommen, versuchen Sie es später noch einmal. Und Achtung: Manche Chamäleons sind recht aggressiv. Je nach Größe kann ein Biss ganz gehörig zwicken! Seien Sie darauf vorbereitet.

Fixieren

Es gibt Situationen, in denen Sie das Chamäleon fixieren müssen. Nehmen Sie es wie beschrieben aus dem Terrarium. Setzen Sie sich und lassen das Chamäleon auf ein weiches Handtuch auf Ihr Knie laufen. Bedecken Sie das Tier größtmöglich von oben mit Ihrer Hand und üben einen leichten Druck aus. Lassen Sie zwischen den Fingern den Körperteil, an dem Sie arbeiten müssen, hervorschauen. Das Tier ist zwischen Ihrem Bein und der Hand fixiert. Sie können nun beginnen, zum Beispiel alte Hautreste zu entfernen. Es empfiehlt sich bei Arbeiten an den gelenkigen Extremitäten oder bei grossen Chamäleons zu zweit zu arbeiten. Gehen Sie hierbei immer konsequent und zügig vor.

Tränken

Das Tränken werden wir im folgenden Kapitel noch genauer ansprechen, hier unser Gewöhnungsvorschlag. Anstatt morgens zu sprühen, lassen Sie Wasser langsam aus der Pipette über dem Terrarium auf ein Blatt tropfen. Das Chamäleon sollte so aufmerksam werden. Anschließend sprühen Sie das Terrarium ein. Wiederholen Sie dies über einige Tage. Gehen Sie dann einmal mit der Pipette in das Terrarium und tropfen vor dem Maul des Chamäleons auf ein Blatt. Auch hier sollte das Chamäleon aufmerksam werden. Als nächsten Schritt nähern Sie sich mit einem Tropfen an der Pipettenspitze dem Maul und tropfen dann auf die Schnauzenspitze. Das Chamäleon wird diesen Tropfen früher oder später mit der Zunge ablecken, so dass Sie nun direkt auf die Zunge tropfen können. Sie tränken das Chamäleon! Hat sich das Chamäleon an die Pipette gewöhnt, so kommt es oft schon von selbst bei deren Anblick angelaufen. Das Tränken wird zur Gewohnheit.

Chamaeleo (Trioceros) johnstoni

Zwangsernährung

Sollte eine Zwangsernährung als letztes Mittel wirklich einmal nötig sein, stopfen Sie Ihr Chamäleon nicht mit Futtertieren! Die Gefahr einer Verletzung im infektionsempfindlichen Maul oder am fragilen Zungenapparat ist zu groß. Besorgen Sie sich bei Ihrem Tierarzt eine spezielle Nährpaste wie „Nutrical" oder ähnliches. Damit das Chamäleon sein Maul öffnet, verfahren Sie wie im Abschnitt „Tränken". Leckt das Chamäleon den ersten Wassertropfen von der Schnauzenspitze, geben Sie ihm eine Portion Nährpaste auf die Zunge. In der Regel leckt sich das Chamäleon noch mehrfach das Maul, so dass Sie diesen Vorgang – falls nötig – wiederholen können.

Chamaeleo (Trioceros) johnstoni

Gewöhnung

Chamäleons sind keine Schmusetiere. Dennoch können einige Exemplare derart zahm werden, dass sie bei Ihrem Erscheinen – besonders natürlich zu den Fütterungszeiten – angelaufen kommen, an der Tür des Terrariums kratzen oder sogar freiwillig auf Ihren Arm oder Ihre Schulter steigen. Andere Individuen werden sich ihr Leben lang beim Anblick eines Menschen verstecken, ihn androhen oder fauchen. Erzwungen werden kann eine gewisse Zutraulichkeit nicht. Im Gegenteil entwickelt ein Chamäleon, das oft zwangsweise ergriffen oder aus seinem Terrarium geholt wird, in der Regel kein Vertrauen zu seinem Pfleger.

Furcifer pardalis

Vergesellschaftung

Die Vergesellschaftung mehrerer Chamäleons wird oft diskutiert. Einige Arten kann man tatsächlich ohne größere Komplikationen ganzjährig in Gruppen von einem Männchen und mehreren Weibchen halten. In der Natur leben selbst manche Chamäleonarten zeitweise in Gruppen zusammen, die im Terrarium sehr aggressiv auf andere Chamäleons reagieren. Hier scheint der Faktor „Weite" entscheidend zu sein. Die Chamäleons können sich in der Natur beinahe unbegrenzt aus dem Weg gehen, wenn Sie dies wollen. Man gewinnt fast den Eindruck, dass sie die Enge des Terrariums fühlen. So ist es auch verständlich, dass Chamäleongruppen um so friedlicher zusammen leben, je mehr Platz sie im Terrarium haben. Hierbei scheint eine ausreichende Behältertiefe eine entscheidende Rolle zu spielen.

Furcifer cephalolepis

zufügen, die andauernde Stresssituation endet für ein Tier sicher tödlich. Besonders zur Paarungszeit und danach, wenn Weibchen trächtig sind, kann selbst bei einer bis dahin friedlichen Gruppe eine Trennung notwendig werden. Entweder weil die Weibchen – wie oben beschrieben – eine zu dominante Rolle einnehmen, aggressiv auf weitere Paarungsversuche reagieren oder selbst unter dem andauernden Balzverhalten des Männchen leiden. Vor der Vergesellschaftung eng verwandter Arten oder Unterarten muss unbedingt abgeraten werden. Die Vermischung bestehender Unterarten oder Varietäten kann nicht im Interesse der Chamäleonhaltung liegen. Solche Kreuzungsversuche können einen wissenschaftlichen Nutzen haben, wenn bestimmte Vererbungs- oder Abstammungsfragen geklärt werden sollen. Sie haben in der Hobbyterraristik aber keinen Platz.

Die freie Zimmerhaltung zeigt, dass selbst Arten wie *Furcifer pardalis*, die im Terrarium sehr aggressiv sind, zeitweise die Nähe zueinander suchen. Dabei muss der limitierende Faktor nicht unbedingt die Aggressivität untereinander sein. Bei Pärchen von *Chamaeleo (Trioceros) jacksonii*, die auch nach der Paarung anscheinend friedlich zusammen lebten, konnte beispielsweise beobachtet werden, dass das gravide Weibchen alle Privilegien für sich in Anspruch nehmen durfte, ohne dass das Männchen ihr das streitig machen wollte. Das Weibchen saß an den günstigsten Stellen und fraß als erste – bis jede Hilfe für das Männchen zu spät kam.

Wenn Sie nun fragen, ob man Chamäleons zusammen oder einzeln halten sollte, heisst die Antwort: Wenn Sie unerfahren sind und kein Risiko eingehen wollen, halten Sie Ihre Chamäleons einzeln.

Die Vergesellschaftung adulter Männchen verbietet sich von selbst, da sie sich immer ihre Reviere streitig machen werden. Die Kontrahenten können sich dabei ernstzunehmende Wunden

Ebenso heikel ist die Vergesellschaftung verschiedener Chamäleonarten miteinander oder mit anderen Reptilien und Amphibien. Dabei spielt neben dem Stressfaktor für die Chamäleons die Tatsache eine Rolle, dass einige Chamäleonarten ausgesprochene Echsenfresser sind. Auch können andere Reptilien- und Amphibienarten Träger von Krankheitserregern sein, gegen die die Chamäleons keine natürlichen Abwehrkräfte besitzen.

Haltung

Die südafrikanischen Zwergchamäleons wie *Bradypodion pumilum* lieben ungefiltertes Sonnenlicht und blühen bei einer Freilandhaltung regelrecht auf. Dann zeigen sie auch ihre ganze Farbenpracht.
Foto: B. Kahl

Die Freilandhaltung

Zu bestimmten Jahreszeiten, in denen unser Klima dies zulässt, können Sie Ihre Chamäleons in Freilandterrarien halten. Diese Gehege bestehen aus einem Holz- oder Aluminiumgestell, das bis auf eine stabile Bodenwanne für den Bodengrund größtenteils mit Gaze bespannt ist. Bei der Aufstellung des Terrariums beachten Sie das zulässige Temperaturspektrum der von Ihnen gehaltenen Art. Bedenken Sie, dass sich die Sonneneinstrahlung im Jahresverlauf teilweise schnell ändern kann. Achten Sie besonders im Frühjahr und Herbst vor allem nachts auf zu niedrige Temperaturen. Beschatten oder bestrahlen Sie den Behälter gegebenenfalls. Kontrollieren Sie die Temperatur und die Luftfeuchtigkeit am besten täglich. Die meisten „Echten Chamäleons" scheinen bei der Freilandhaltung richtig aufzublühen! Das Vitaminpräparat, das Sie während dieser Zeit geben, darf aus den im Kapitel „Ernährung" genannten Gründen nur einen geringen oder gar keinen Anteil an Vitamin D3 enthalten!

Die Haltung im Gewächshaus

Bei der Haltung im Gewächshaus stellen Sie sicher, dass die Tiere nicht entweichen können und sich die Temperaturen mit den natürlichen Ansprüchen decken. Gewächshäuser heizen sich unter Sonnenbestrahlung schnell auf, kühlen aber in Übergangsmonaten auch stark ab. Deswegen sind sie meist nur für eine beschränkte Zeit im Jahr oder für Chamäleonarten geeignet, die derartige Extreme vertragen (beispielsweise *Chamaeleo calyptratus*). Eine Beschattung oder eine milde Beheizung kann auch hier die Haltung auf einen größeren Zeitraum verlängern.

Bieten Sie den Tieren ausreichend lebende Pflanzen an und hängen oder stellen Sie Kletteräste auf. Je nachdem wie groß das Gewächshaus ist, können Sie leicht den Überblick über den Gesundheitszustand der einzelnen Chamäleons verlieren. Da Chamäleons aber, zumindest was ihre Ruheplätze angeht, sehr standorttreu sind, sollte eine Kontrolle der Tiere für Sie dennoch möglich sein. Anders verhält es sich

Haltung

Auch einige Arten des *Chamaeleo dilepis*-Komplexes – hier *Chamaeleo d. roperi* – eignen sich für die Haltung im Gewächshaus. Foto: B. Kahl

mit der Vorsorge bei Nachzuchten. Für die Weibchen eierlegender Arten stellen Sie ausreichend Eiablagebehälter bereit, die Sie regelmäßig kontrollieren. Mit etwas Erfahrung können die Weibchen oviparer Arten auch rechtzeitig vor der Ablage in ein separates Terrarium überführt werden. Lebendgebährende Arten verhalten sich vor der Geburt der Nachkommen nicht immer auffällig und es kann mitunter zu Überraschungen kommen. Am besten halten Sie die trächtigen Weibchen schon eine Zeit vor der Geburt der Jungen in einem separaten Terrarium. Ansonsten achten Sie auf alle Faktoren, die auch bei der Zimmerhaltung wichtig sind.

Haltung

Die Haltung im Wintergarten
Die Haltung im Wintergarten ist generell zu empfehlen. Beachten Sie alle Besonderheiten, die bei der Pflege im Gewächshaus beschrieben sind. Mit entsprechender Beschattungseinrichtung und Belüftungsmöglichkeit sollte sich ein Wintergarten im Sommer nicht so stark aufheizen. Mit einer eingebauten Heizung kühlt er im Winter nicht so stark ab. Deshalb lässt er sich oft für eine wesentlich längere Zeit zur Chamäleonhaltung nutzen.

Die Haltung frei im Zimmer
Die Haltung in bewohnten Räumen bedarf einiger Vorsicht Ihrerseits, damit die Chamäleons nicht Opfer sich öffnender oder schließender Türen oder Ihrer Füße werden. Auch Mitbewohner wie Hunde, Katzen oder frei fliegende Vögel schränken diese Haltungsmöglichkeit gewaltig ein.
Bieten Sie den Tieren Kletteräste und Pflanzen an, etwa in einer Zimmerecke oder einem Blumenfenster. Sorgen Sie je nach Art für einen „Sonnenplatz", indem Sie einen Spot über einem der Äste installieren. Sie werden feststellen, dass die Chamäleons sich überwiegend an diesem Platz aufhalten und auch häufig die gleichen Kot- und Schlafplätze aufsuchen. Zu bestimmten Zeiten sind die Tiere aber auch sehr aktiv und es ist Vorsicht beim Betreten des Zimmers geboten.
Die benötigte Luftfeuchtigkeit wird im Zimmer schlecht bis gar nicht zu erreichen sein, weshalb die Chamäleons häufiger mit der Pipette getränkt werden müssen (worauf wir später noch eingehen). Als gerne angenommene Trinkwasserquelle haben sich Zimmerspringbrunnen erwiesen, die Sie im bevorzugten Aufenthaltsbereich der Chamäleons gut zugänglich aufstellen sollten.

Achten Sie besonders auf trächtige Weibchen, denn finden eierlegende Arten keinen geeigneten Ablageort, legen Sie die Eier meist auch nicht und verenden an sogenannter „psychogener Legenot". Entweder Sie überführen die Weibchen in ein separates Terrarium oder stellen den Chamäleons Ablagewannen zur Verfügung. Trächtige Weibchen lebendgebärender Arten sollten auch hier einige Zeit vor der Geburt in ein separates Terrarium überführt werden. Die Jungtiere hätten bei der niedrigen Luftfeuchtigkeit der Wohnräume größte Schwierigkeiten sich aus der Eihülle zu befreien. Außerdem würden sich die Kleinen – ihrem natürlichen Fluchtinstinkt folgend – über das gesamte Zimmer verteilen. Die Fütterung sollte von der Pinzette oder aus einem für die Futtertiere ausbruchsicheren Becher erfolgen, den Sie beispielsweise an einen Kletterast hängen können. So gehaltene Chamäleons werden aufgrund des weniger beschränkten Lebensraums oft besonders zahm.

Ein gesundes Chamäleon erwerben
Nachdem Sie nun alles über die Unterbringung erfahren haben, wollen Sie natürlich auch wissen, woher Sie ein gesundes Chamäleon bekommen und wie Sie seine Gesundheit prüfen können. Generell gilt, dass ein Wildfang wegen der bereits erwähnten Problematik des Parasitenbefalls und oft ungenügender Transportzustände problematischer ist als ein Nachzuchttier. Dem Anfänger kann deshalb nur zu dem

Haltung

Aufgrund der Seltenheit von *Rhampholeon temporalis* findet man diese Art im Handel meist nur als Wildfang.

Erwerb eines Chamäleons aus einer Nachzucht geraten werden. Das Risiko, dass dieses Tier mit Parasiten befallen ist, ist wesentlich geringer. Chamäleons können Sie sowohl im Handel, als auch auf Börsen oder direkt bei einem Züchter kaufen. Neben allen Aspekten der Gesundheit sollten Sie sich unbedingt über die Preise informieren, da es hier erhebliche Spannen geben kann. Der Preis eines Chamäleons hängt von verschiedenen Faktoren ab. Eine Art ist meist dann recht preiswert, wenn sie gerade regelmäßig nachgezogen oder importiert wird. Sie wird teurer, je seltener sie nachgezogen wird, je spärlicher sie importiert wird oder je mehr sie gerade in Mode ist. Nicht zuletzt ist der Preis eine Ermessens- und Kalkulationsfrage des Verkäufers. Er kann somit von Züchter zu Züchter und von Händler zu Händler schwanken.

Die Suche nach einer bestimmten Chamäleonart kann eine Weile dauern, denn obwohl einige Arten regelmäßig nachgezogen werden, ist einige Recherchearbeit notwendig, den entsprechenden Züchter zu finden. Am besten wenden Sie sich an eine der am Ende des Buchs genannten Kontaktadressen.

Dem Anfänger möchten wir ausdrücklich den Erwerb seines Chamäleons bei einem Züchter ans Herz legen. Sie kennen das Sprichwort „Grau ist alle Theorie". Ein persönliches Gespräch mit jemandem, der die von Ihnen gepflegte Art selbst gehalten und erfolgreich schon über Generationen vermehrt hat, kann Ihnen Hinweise geben, wie sie ein Buch nie ersetzen kann. Nehmen Sie – wenn möglich – einen erfahreneren Freund mit zum Kauf, der Sie zusätzlich beraten kann.

Auch wenn es nicht immer möglich ist, eine Parasitose oder eine Krankheit bei einem Neuerwerb festzustellen, denn schließlich muss das Chamäleon erst einmal eindeutige Anzeichen seiner Erkrankung zeigen, gibt es eine Reihe von Merkmalen, auf die Sie besonders achten müssen.

Kopf und Augen

Geschwollene Kiefer und Kiefergelenke deuten auf Gicht oder Infektionen hin. Weiche oder deformierte Kiefer deuten auf einen Mineralstoff- und speziell einen Kalkmangel hin. Keinesfalls sollten Eiter oder sonstige Ausflüsse aus dem Maul oder einer anderen Körperöffnung treten. Schauen Sie dem Chamäleon gründlich ins Maul. Schleim in den Mundwinkeln und dem Rachenraum kann ein erstes Zeichen für Mundfäule sein!

Haltung

Die Augen der Chamäleons sind fast vollständig von den Augenlidern umwachsen, dennoch sind sie einer der entscheidenen Anhaltspunkte für den Gesundheitszustand. Die Augen dürfen niemals wässrig sein oder sonst Anzeichen eines Ausflusses zeigen. Auch die Lage der Augäpfel sagt viel über die Gesundheit eines Chamäleons aus. Normalerweise stehen die Augäpfel prall aus dem Schädel hervor. Sie dürfen nur kurzzeitig zum Schutz eingezogen werden oder zum Säubern fast vollständig aus dem Schädel heraustreten. Keinesfalls sollten sich Höhlen um die Augen bilden, was auf einen schlechten Allgemeinzustand, eine Infektion oder zumindest Stress und Dehydration hinweist. Ein so gezeichnetes Chamäleon ist dem Tod meist schon näher als dem Leben. Keinesfalls dürfen die Augen längere Zeit geschlossen sein!

Häufige Transportschäden bei Wildfängen sind aufgeschlagene Schnauzenspitzen und verletzte Kiefer. Die Wunden können sich leicht infizieren und eitern dann stark. Die Heilung ist, wenn überhaupt erfolgreich, langwierig und sollte Sie von dem Kauf eines so geschädigten Chamäleons abhalten.

Körper, Schwanz und Gliedmaßen

Das Chamäleon sollte sich in einem allgemein guten körperlichen Zustand befinden, nicht abgemagert und auch nicht verfettet sein. Die Schwanzwurzel darf nicht eingefallen sein. Dies würde auf einen schlechten Ernährungszustand oder eine Dehydration hindeuten. Schwellungen an den Gelenken und zwischen den Wirbeln deuten auf Gicht hin.

Chamäleons sind je nach Größe sehr kräftige Tiere, die mit Ihren zangenartigen Greiffüßen Gegenstände sehr fest umklammern können. Hat das Chamäleon Schwierigkeiten, sich auf den Beinen zu halten, ist es mit Sicherheit stark geschwächt und in keiner optimalen gesundheitlichen Verfassung. Beim Laufen und Klettern muss sich immer ein Zwischenraum zwischen Bauch und Untergrund befinden.

Beobachten Sie, wie das Chamäleon sich bewegt, ob es alle Gelenke einsetzt, alle Gliedmaßen einen typischen Bewegungsablauf zeigen oder ob es Anzeichen für Missbildungen gibt. Häufig ist eine Unter-

Männliches oder weibliches Chamäleon?

Wenn Sie nur ein Chamäleon halten wollen, dann kaufen Sie unbedingt ein männliches Tier! Auch wenn Weibchen nicht verpaart werden, produzieren sie dennoch in aller Regel nach einiger Zeit Gelege. Die Eier sind dann selbstverständlich unbefruchtet. Unbefruchtete Eier haben die unangenehme Eigenschaft, dass sie häufig missgebildet sind und den Eileiter verstopfen oder verkleben. Deshalb stirbt ein einzeln gehaltenes Weibchen sehr häufig an Legenot. Wollen Sie Ihre Chamäleons züchten, können Sie so viele männliche und weibliche Tiere besorgen, wie Sie zu halten im Stande sind. Bedenken Sie aber, mit welcher Menge Nachwuchs Sie noch umgehen können! Für eine Zuchtgruppe sind ein oder zwei Männchen auf zwei bis fünf Weibchen optimal – wir reden hier aber nicht von einer Vergesellschaftung!

Haltung

Furcifer pardalis

Größer, schneller, besser

Beim Chamäleonkauf ist kein Platz für Mitleid oder Protzerei. Weder das kleinste Chamäleon, das wir vielleicht aus einem Fürsorge-Instinkt in unsere Obhut nehmen wollen, noch das größte Exemplar, das vielleicht unserem eigenen Ego gut täte, sind in der Regel der beste Kauf. Stammen die angebotenen Tiere alle aus dem gleichen Wurf oder Gelege, suchen Sie sich ruhig die kräftigsten aus. Bei verschiedenen Angeboten mit gleichem Alter müssen die größten nicht unbedingt die besten sein, denn Chamäleons, die besonders schnell groß gezogen wurden, hatten oft nicht ausreichend Zeit, ein stabiles Knochengerüst und ausgereifte Körperstrukturen aufzubauen.

Bei Wildfängen haben die dominanteren Chamäleons (meist die größeren und kräftigen Exemplare) auch die besten Überlebenschancen, da sie die Zwischenhälterung und den Transportstress besser verkraften.

Wenn Sie die Jungtiere kaufen, achten Sie auf das Schlupf- oder Geburtsdatum. Kaufen Sie die Jungtiere möglichst nicht vor dem zweiten bis dritten Lebensmonat und nicht vor der zweiten Häutung. Erst ab dann haben die Jungtiere die kritischste Zeit überstanden. Außerdem lässt sich oft erst in diesem Alter das Geschlecht bestimmen.

versorgung mit Kalk, Mineralien und Vitaminen während des Wachstums für Schäden am Skelett oder den inneren Organen verantwortlich, die sich später nicht mehr beheben lassen.

Haut und Farbwechsel

Die Haut darf keine größeren Verletzungen aufweisen, nicht faltig am Körper hängen und keine unnatürlichen Erhebungen aufweisen. Kleinere Verletzungen verheilen meist problemlos von allein, eine faltige Haut deutet auf einen schlechten Ernährungszustand, Krankheiten oder Dehydration hin. Unnatürliche Beulen unter der Haut können Anzeichen eines Parasitenbefalls oder Abszesses sein.

Auch wenn eine allgemeine Folgerung von der Farbe auf den Gesundheitszustand eines Chamäleons nicht möglich ist, muss dennoch vom Kauf besonders blasser Tiere abgeraten werden, was meist auf eine generelle Entkräftung schließen lässt. Viele Chamäleons zeigen in dauerhaften Stresssituationen eine relativ dunkle, bei akutem Stress eine besonders grelle Körperfärbung. Passen größere Hautstellen farblich nicht in das Gesamtmuster, können dies ältere verheilte Wunden, Verbrennungen, verpilzte Stellen oder auch oberflächliche Verletzungen sein.

Allgemeines Verhalten

Artuntypisches Verhalten sollte Sie alarmieren. Eigentlich alle Chamäleons reagieren auf Bedrohung, sei es passiv durch Verstecken und Abflachen oder aktiv durch ein geöffnetes Maul, Fauchen, Aufblähen oder Farbwechsel. Fehlen diese Mechanismen, dann ist etwas mit dem Chamäleon nicht in Ordnung.

Haltung

Wenn möglich beobachten Sie die Chamäleons vor dem Kauf einmal bei der Fütterung. Gesunde Chamäleons haben bei guten Lichtverhältnissen eine beinahe hundertprozentige Treffergenauigkeit. Kranke Tiere treffen hingegen wesentlich seltener und sollten von Ihnen nicht gekauft werden.

Der Kauf und der Transport
Zu Beginn des Kapitels haben wir es bereits erwähnt: Holen Sie ein Chamäleon erst dann beim Verkäufer ab, wenn das Terrarium fertig installiert ist! Ein verantwortungsvoller Züchter gibt seinen Chamäleonnachwuchs erst in einem Alter von etwa zwei bis drei Monaten ab.
Der Transport zu Ihnen nach Hause sollte schnell und mit möglichst wenig Stress für das Chamäleon erfolgen. Holen Sie die Chamäleons selbst beim Händler oder Züchter ab! Der Versand per Kurier oder Paketpost ist für ein Chamäleon nicht zumutbar! Als Transportbehälter genügt eine Box mit einem stabil installierten, frisch abgebrochenen, belaubten Ast. Der Ast sollte gründlich unter heißem Wasser abgespült werden. Das Chamäleon kann sich daran festhalten. Das frische Laub gibt ihm zusätzliche Deckung und hält die Luftfeuchtigkeit. Kleinere abgedunkelte Boxen sind gut geeignet, da das Chamäleon darin während des Transports nicht nervös umherläuft. Isolieren Sie den Behälter gut gegen Temperaturschwankungen und achten Sie auf eine ausreichende Belüftung! Sollten Sie auf einer Börse nach einem Chamäleon Ausschau halten, bringen Sie am besten eine in dieser Weise vorbereitete Transportbox mit.

Die Eingewöhnung

Stellen Sie die Transportbox zu Hause angekommen in das Terrarium, so dass das Chamäleon alleine in sein neues Heim klettern kann.
Während der Eingewöhnungszeit beobachten Sie das Verhalten des Chamäleons, achten auf eventuell unentdeckte Verletzungen und lassen möglichst den Kot auf Parasiten untersuchen. Sie können die Kotproben an eine der im Anhang genannten Labors schicken. Besonders Wildfänge bedürfen Ihrer Aufmerksamkeit, da sie sehr häufig Parasiten beherbergen. Dem Anfänger sei nochmals ausdrücklich der Erwerb von Nachzuchttieren ans Herz gelegt, die in aller Regel frei von Parasiten sind. Zur Sicherheit können Sie eine zweite Kotprobe nach zwei bis drei Wochen einsenden. Trinken und fressen Ihre Neuzugänge ausreichend und war auch die zweite Probe negativ, so haben Sie eine gute Wahl getroffen. Die Eingewöhnungszeit kann unterschiedlich lang dauern und ist abhängig davon, ob die Chamäleons gesund sind oder erst medizinischer Pflege bedürfen. Die Inneneinrichtung der Terrarien, in denen ein krankes Chamäleon gepflegt wurde, darf nicht nochmals verwendet werden, um jede Neuinfektion auszuschließen.

Calumma parsonii

Ernährung

Große Arten wie *Chamaeleo (Trioceros) melleri* fressen in der Natur unter anderem auch kleine Echsen, Vögel und Säugetiere. Foto: B. Kahl

Was fressen Chamäleons?

Chamäleons ernähren sich in erster Linie von lebenden Tieren, die sie mit ihrer Zunge fangen und überwältigen können. Ohne Einsatz der Zunge fressen Chamäleons nur, wenn ein Zungenschuss keinen Erfolg verspricht, beispielsweise bei Pflanzen und Schnecken. Nicht alle Chamäleonarten warten nur an einem Fleck, bis sich ein Futtertier nähert, manche gehen auch aktiv auf Nahrungssuche. Es gibt verschiedene Arten und Individuen, die bestimmte Futtervorlieben entwickeln können. Beugen Sie dem durch ein möglichst abwechslungsreiches Menü vor, damit nicht irgendwann nur noch eine bestimmte Futterart angenommen wird. Stellen Sie solch eine Nahrungsfixierung fest, so reichen häufig einige Hungertage und Ihr Chamäleon nimmt dankbar auch wieder andere Futtertiere an. Als Futtertiere dienen hauptsächlich Wirbellose, es werden aber auch kleinere Wirbeltiere wie Mäuse oder andere Reptilien, vorzugsweise Geckos oder andere kleine Echsen, gefressen. In der Terrarienhaltung ist die Fütterung mit verschiedenen Insekten und deren Larven ausreichend. Manche Chamäleons werden sehr zahm und gewöhnen sich an die Fütterung mit einer stumpfen Pinzette. Sie können so einzelne Chamäleons gezielt von Hand füttern. Verschiedentlich wurden Chamäleons in der Natur und im Terrarium dabei beobachtet, wie sie Blätter und Blüten fraßen. Vermutlich spielt das Fressen der Pflanzenteile mehr für den Wasserhaushalt als für die Ernährung eine Rolle. Dennoch sollten Sie Ihren Chamäleons diese Möglichkeit geben, zumal gerne *Philodendron*-, *Scindapsus*- und *Ficus*-Arten gefressen werden, die sich auch als Terrarienpflanzen anbieten. Unsicher ist, ob ein Chamäleon Giftpflanzen meidet. Verwenden Sie deshalb keine toxischen Pflanzen im Terrarium wie Efeu oder verschiedene andere, die giftige Beeren oder Blüten haben! Daneben können Sie auch mit verschiedenen Früchten aller Art experimentieren, die Sie einfach in einer Schale in das Terrarium stellen. Insgesamt zeigen Chamäleons

Ernährung

hierbei keine besondere Vorliebe für bestimmte Früchte, jedoch wurden Bananen und Erbeeren sehr gerne genommen.

Wieviel fressen Chamäleons?

Sie sollten Ihre adulten Chamäleons etwa alle zwei bis drei Tage füttern, wobei gravide Weibchen und Jungtiere jeden Tag Futter bekommen. Verfettet ein Chamäleon, so liegt das an der Nahrungsmenge und an der Art der Futtertiere. Besonders die einseitige Ernährung mit Mehlwürmern und Wachsmaden führt schnell zu einer Verfettung der Tiere und zu Organschäden.

Eine generelle Angabe, wie viele Futtertiere welcher Art welchem Chamäleon gegeben werden sollten, ist nicht möglich, allgemein gilt aber, dass Sie lieber etwas weniger als zu viel füttern sollten.

Wasserhaushalt

Chamäleons brauchen Wasser. Sie decken ihren Flüssigkeitsbedarf bei weitem nicht über die aufgenommene Nahrung. Erreichen Sie im Terrarium die gewünschte Luftfeuchtigkeit, so ist der Flüssigkeitsverlust über die Atmung und die Haut geringer. Chamäleons nehmen beim täglichen Besprühen Wassertropfen aktiv mit der Zunge oder dem Maul auf. Sie können häufig davon lesen, dass empfohlen wird, die Tiere ein- bis zweimal in der Woche zusätzlich zu tränken. Die Gewöhnung an eine Pipette ist tatsächlich von Vorteil, denn so sind Sie sicher, dass das Chamäleon auch genügend trinkt. Außerdem können Sie im Bedarfsfall gezielt Medikamente oder bei einer Dehydration auch Elktrolyte zuführen. Gewöhnen Sie also Ihr Chamäleon ruhig an die Wasseraufnahme über eine

Wie füttere ich?

Sie geben die Futtertiere in aller Regel direkt in das Terrarium. Wollen Sie nicht, dass sie frei im Terrarium herumlaufen, weil sie vielleicht frisch gelegte Eier oder die Pflanzen anknabbern und schädigen könnten, können Sie sie auch in einer tiefen Schale anbieten, die Sie an einem Ast befestigen. Geben Sie aber nicht zu viele Futtertiere auf einmal in die Schale, da Chamäleons sonst manchmal Schwierigkeiten haben, sich auf ein Futtertier zu konzentrieren, um es mit der Zunge abzuschießen.

Wenn Sie die Futterinsekten nicht in einer Schale anbieten, geben Sie nur so viele in das Terrarium, wie auch gefressen werden. Es ist schon häufiger vorgekommen, dass Futterinsekten wie Grillen oder Heuschrecken über Nacht schlafende Chamäleons angefressen haben! Zu viele Futtertiere bedeuten für junge Chamäleons Stress, wenn sie auf ihnen herumkrabbeln. Konzentrieren Sie die Futtertiere durch ein Stück Obst an einer Stelle im Terrarium.

Halten Sie mehrere Chamäleons in einem Terrarium, dann achten Sie darauf, dass alle etwas von der Mahlzeit abbekommen. Besonders bei Aufzuchtgruppen kann es zu einer starken Nahrungskonkurrenz kommen, die auf der einen Seite belebend wirkt, auf der anderen Seite das Zurückbleiben kleiner Tiere zusätzlich fördern kann. Deshalb dürfen Sie nur etwa gleichgroße Chamäleons zusammen aufziehen.

Ernährung

Pipette, nehmen SIe das Chamäleon dazu aber nicht aus dem Terrarium oder gar in die Hand. Wie bereits erwähnt, gewöhnen sich die meisten Chamäleons an die Wasseraufnahme aus einer Pipette, die Sie den Tieren einfach vor das Maul halten und langsam einige Tropfen heraus lassen.

Als Tipp: Sie können das angebotene Wasser – auch wenn es etwas merkwürdig klingt – mit einem natürlichen Multivitaminsaft eins zu eins verdünnt anbieten. Generell nehmen Chamäleons bei richtiger Haltung genügend Wasser über das Sprühwasser auf, so dass ein manuelles Tränken nicht notwendig ist. Der Einsatz eines kleinen Zimmerspringbrunnens hat sich als eine gute Wasserquelle erwiesen, die von vielen Chamäleons gerne aufgesucht wird. Es gibt eine weitere sehr einfache Möglichkeit, den Chamäleons stundenweise eine Tränke anzubieten. Dazu können Sie im einfachsten Fall den Boden eines Platikbechers so anbohren, dass das Wasser, das Sie einfüllen, langsam heraustropft. Stellen Sie den Becher so auf das Terrarium, dass die Tropfen auf ein Blatt fallen, und Sie haben eine äußerst preiswerte und nahezu perfekte Tropftränke!

Bei der Haltung frei im Zimmer oder in anderen, zentralgeheizten Räumen müssen Sie die Chamäleons auf jeden Fall zusätzlich per Hand tränken und ihren Aufenhaltsbereich besprühen. Bei der niedrigen Luftfeuchtigkeit in unseren Räumen würden die Tiere sonst förmlich austrocknen.

Futtertiere

Es ist grundsätzlich Ihre Entscheidung, ob sie Futtertiere lieber selbst züchten wollen oder diese käuflich erwerben. Sicher haben beide Varianten Vor- und Nachteile. Die Entscheidung für eine eigene Zucht sollten Sie vor allem dann treffen, wenn Sie viele Terrarien besitzen und eine dementsprechend große Zahl an Futtertieren benötigen. Züchten Sie die Tiere selbst, dann sind Sie sicher, unter welchen Bedingungen sie gehalten werden, wissen, womit die Tiere gefüttert werden, und sind nicht auf die Verfügbarkeit über einen Händler oder Abo-Versand angewiesen. Sie haben bei einer gut laufenden Zucht jederzeit Futtertiere der gewünschten Art in der entsprechenden Anzahl und Größe zur Verfügung. Es kann wirklich ein Problem werden, wenn der Züchter selbst Lieferschwierigkeiten hat und Ihre Chamäleons dann ohne Futter bleiben. Die eigene Zucht schützt Sie vor solchen Engpässen. Außerdem spart eine eigene Zucht Geld, denn der Unterhalt ist im Vergleich zum Einkauf der Futtertiere günstiger.

Unterschätzen Sie aber die zusätzliche Arbeit und zu investierende Zeit nicht. Auch die Zucht der Futtertiere braucht Ihre ganze Aufmerksamkeit. Dem Anfänger möchte ich nicht zur eigenen Zucht raten, denn der zu betreibende Aufwand steht nicht im Verhältnis zu den paar Futtertieren, die Sie für Ihre – wahrscheinlich sehr wenigen – Chamäleons benötigen. In diesem Kapitel finden Sie deshalb keine Zuchtanleitungen, sondern eine Liste der gängigsten Futtertiere, eine Angabe ihrer Nahrhaftigkeit und eine Einschätzung ihrer Eignung als Futter für Chamäleons.

Heuschrecken

Im Handel ist meist die Ägyptische Wanderheuschrecke erhältlich. Diese Tiere

Ernährung

Dehydration

Chamaeleo (Trioceros) wiedersheimi

Die Dehydration ist keine Krankheit, sondern sie beschreibt den Zustand der inneren Austrocknung durch Wassermangel. Dehydrierte Chamäleons wirken träge, kraftlos und sehen abgemagert aus. Weiterhin können Sie Probleme beim Fressen beobachten, denn die dehydrierten Tiere scheinen nicht mehr so genau zielen zu können. Eine Dehydration ist oft bei importierten Chamäleons nach einem langen Transport festzustellen; auch Tiere, die bei einer zu geringen Luftfeuchtigkeit, beispielsweise frei im Zimmer auf der Blumenbank, gehalten werden, können schnell dehydrieren, wenn Sie nicht zusätzlich getränkt werden. Kontrollieren Sie zunächst die Haltungsbedingungen, sprühen Sie das Terrarium regelmäßig und tränken Sie die betroffenen Chamäleons – wie im Kapitel „Ernährung" beschrieben – solange von Hand, bis sie wieder gesund erscheinen.

Stellen Sie dazu einen Elektrolyt her, indem Sie auf einen Liter Wasser einen Teelöffel Salz und einen Teelöffel Zucker geben. Die reine Wasserzufuhr würde dem Tier nicht helfen!
Als eine Komplikation der Dehydration kann die Gicht auftftreten. Der Körper versucht, den negativen Wasserhaushalt auszugleichen und entzieht dem Harn mehr Wasser, als gewöhnlich. Durch diese Konzentration des Harns kann die Harnsäure in Kristallen ausfallen. Die Harnsäurekristalle lagern sich vor allem in den Gelenken und den Nieren ab. In den Gelenken führt diese Ablagerung zu charakteristischen Schwellungen, die sich sehr deutlich entlang der Wirbelsäule zeigen können. In den Nieren kann die Ablagerung zu akutem Nierenversagen und dem schnellen Tod des Chamäleons führen. Besonders schnell betroffen sind Jungtiere, da diese täglich ausreichend trinken müssen!

werden recht groß und sind adult nur für größere Chamäleonarten geeignet. Frisch geschlüpfte Heuschrecken sind auch für kleinere Chamäleonarten und Jungtiere ein ausgezeichnetes Futter.

Heuschrecken sind in der Natur gute Kalziumlieferanten. Da wir in der Terrarienhaltung mit Vitamin- und Mineralstoffpräparaten arbeiten, ist ihre Bedeutung eher in einer Abwechslung auf dem Speiseplan

Ernährung

zu sehen. Es lohnt sich, auch dieses Futter hochwertig über etwa eine Woche anzufüttern, wobei das Futter (Löwenzahn, Klee, Kräuter oder ähnliches, im Winter Chinakohl, Salat oder Getreidesprossen) nicht nass sein darf!

Heimchen und Grillen

Heimchen und Grillen stellen für die meisten Terrarianer das Gerüst der Fütterung dar. Im Handel erhalten Sie Heimchen, die größere schwarze Mittelmeer- oder auch Zweifleckgrille und die bräunliche und etwas kleinere Steppengrille. Die Insekten werden in allen Größen angeboten. Sie können fast jede Chamäleonart mit ihnen füttern. Frisch geschlüpfte Grillen und Heimchen sind zur Aufzucht beinahe aller Jungchamäleons geeignet. Erfahrungsgemäß werden hellere Futtertiere bevorzugt gefressen. Sie können immer einen kleinen Grillen- und Heimchenvorrat zu Hause in einem kleinen Terrarium aufbewahren. Damit die Grillen genügend Zuschlupforte finden, legen Sie alte Eierkartons in den Behälter. Als Bodensubstrat bewährt sich ein Gemisch aus Haferflocken und Kleie, das gleichzeitig als Grundnahrung dient. Die Kleie als Ballaststoff kommt auch der Verdauung der Chamäleons zugute! Als Futter geben Sie frisches Obst und Gemüse. Frisch geschlüpfte Grillen können Sie sehr gut mit Trockenfischfutter ernähren. Je vitamin- und nährstoffreicher Sie die Grillen füttern, desto nahrhafter sind sie auch für Ihre Chamäleons. Füttern Sie frisch gekaufte Grillen und Heimchen etwa eine Woche an.
Grillen und Heimchen werden in vielen Zoohandlungen angeboten oder über den

In großen Terrarien empfiehlt es sich, die Futtertiere an einem festen Futterplatz anzubieten wie hier für *Calumma globifer*. Foto: Aqualife Taiwan

Ernährung

Versand vertrieben. Sie fressen fast jede angebotene Nahrung und können so leicht abwechslungsreich gefüttert werden und damit diese Nährstoffe an die Chamäleons weitergeben.

Fliegen

Sie bekommen Anglermaden sehr preiswert in den meisten Zoo- oder Anglergeschäften. Die Larven entwickeln sich in wenigen Tagen zu fertigen Fliegen. Verfüttern Sie niemals die Maden! Sie überleben lange im Magen des Chamäleons, und es gab schon Todesfälle, weil Maden sich durch den Magen gefressen haben. Päppeln Sie die Fliegen eine Weile mit Babybrei, Joghurt oder Vitaminsaft auf. Wenn möglich bestäuben Sie sie mit dem Vitamin-Mineralstoff-Präparat. Verteilen Sie die Maden in kleinere Schlupfbehälter, um sie später portionsweise verfüttern zu können und sie nicht aus großen Behältern herausfangen zu müssen. Fliegen sind ein hervorragendes Futter, sie bringen Ihre Chamäleons auf Trab, werden gerne gefressen und sind billig im Einkauf.

Taufliegen

Die als *Drosophila* bekannte Fruchtfliege ist das Futtertier zur Aufzucht von jungen Chamäleons und das Universalfutter für alle kleinen Chamäleonarten. Aber auch größere Chamäleons beschäftigen sich gerne mit dem Schießen dieser kleinen Nahrung. Im Handel gibt es eine größere und eine kleinere Variante zu kaufen, die auch als stummelflüglige, flugunfähige Fliegen erhältlich sind. Häufig erhalten Sie den Zuchtansatz in Einmachgläsern, die mit einem Nylonstrumpf verschlossen sind. Am Boden des Glases befindet sich etwa ein bis zwei Zentimeter hoch der Nährbrei. Als Aufenthaltsort für die Fliegen ist das Gefäß darüber locker mit Holzwolle gefüllt. Da die Zucht fast von alleine läuft, können Sie ohne Aufwand immer ein oder zwei Zuchtansätze zu Hause haben. Die Eier werden in den Nährbrei gelegt. Dieser sollte, da er den Larven auch als Lebensraum dient, nicht flüssig, aber immer ordentlich feucht und breiig sein. Die Larven verpuppen sich am Glasrand oder in der Holzwolle. Schon nach wenigen Tagen können Sie die ersten Maden im Substrat entdecken und nach ein bis zwei Wochen sind die ersten fertigen Fliegen da.

Den Nährbrei können Sie leicht selbst herstellen. Hierzu zerreiben Sie lediglich etwas Obst (vorzugsweise Bananen und Äpfel), geben unaromatisiertes Instantbreipulver (Gries, Haferflocken) und etwas Vitaminpräparat dazu. Mit H-Milch oder Wasser verrühren Sie das Ganze nun zu einem feuchten, zähen Brei und geben zum Schluß noch einen Brösel frischer Hefe dazu. Da der Brei im Zuchtglas schlecht erneuert werden kann, setzen Sie etwa alle ein bis zwei Wochen neue Zuchtgläser an und überführen einfach einen Schwung der Fliegen in diese neuen Ansätze. Zur Zucht genügen Zimmertemperaturen von 20 °C bis 25 °C.

Auch *Drosophila* sollten Sie vor dem Verfüttern mit Babybrei oder Obst aufpäppeln.

Wachsmaden, -motten

Wachsmaden sind, ähnlich wie Mehlwürmer, recht fetthaltig. Sie enthalten aber auch einen hohen Proteinanteil. Die ausgewachsenen Wachsmotten sind recht schwierig zu handhaben. Dennoch haben sie sich als äußerst beliebtes Beifutter er-

Vitamine und Mineralstoffe

Die ideale Zufütterung von Vitaminen und Mineralstoffen ist eines der sensibelsten und kompliziertesten Themen der gesamten Reptilienhaltung. Generell muss das Futter fast aller Terrarientiere mit Vitaminen und Mineralstoffen angereichert werden. Der Grund hierfür liegt in der begrenzten Vielfalt des angebotenen Futters. In der Natur erbeuten Chamäleons die unterschiedlichsten Futtertiere, die sich ihrerseits von den verschiedensten Dingen ernährt haben. Dieser Mix enthält alles, was ein Chamäleon zum Leben und Wachsen benötigt. Die Fütterung zu Hause stellt nur einen kleinen Ausschnitt dessen dar. Chamäleons haben im Vergleich zu anderen Reptilien einen sehr hohen Vitamin- und Mineralstoffbedarf, der nur durch hochwertige Futtertiere gedeckt werden kann.

In der Terrarienhaltung können zwei Möglichkeiten der Ernährung gegenübergestellt werden, um das Problem der genauen Vitamin- und Mineralstoffzufuhr zu beschreiben. Als ein Extrem haben wir die Situation, dass Sie Ihre Futtertiere kaufen, sofort verfüttern wollen und Ihre Chamäleons zudem in der Wohnung unter einer Beleuchtung ohne besonderen UV-Anteil halten. In diesem Fall müssen Sie die Futtertiere mit einem kompletten Vitamin- und Mineralstoffgemisch einstäuben.

Die andere Variante ist die, dass Sie die Futtertiere über mindestens eine Woche mit hochwertigem Futter anfüttern. Dazu gehören – je nach Futtertierart – frisches Obst, Gemüse, Salat, Kräuter und auch Ballaststoffe in Form von Weizenkleie. Solche hochwertigen Futtertiere, deren Magen und Darm mit Vitamien gefüllt ist (die Amerikaner nennen dies „gut-loaded"), sollten nur noch mit einem Präparat, das einen hohen Mineralstoffanteil bei reduziertem Vitamingehalt besitzt, eingestäubt werden.

Füttern Sie sie mit Futtertieren, die natürlichem Sonnenlicht ausgesetzt waren (Freilandfänge), dann sollten diese gar nicht eingestäubt werden. Halten Sie Ihre Chamäleons unter natürlichem Sonnenlicht, so darf das verwendete Vitaminpräparat keinen oder nur einen sehr geringen D3-Anteil haben, denn dieses Vitamin wird dem Chamäleon auf natürliche Weise über die Strahlung zugeführt. Sie sehen, wie kompliziert die richtige Ernährung ist. Aber die genannten Punkte sind sozusagen die wesentlichen Eckpfeiler der Vitamin- und Mineralstoffzufuhr. Das genaue Gleichgewicht hängt ganz individuell von Ihren Fütterungsgewohnheiten ab. Am besten klären Sie mit dem Verkäufer ab, welche Fütterung für Sie am praktikabelsten scheint. Im Anschluss noch einmal unsere generellen Fütterungstipps:

In den warmen Jahreszeiten kann nur zum Verfüttern selbst gefangener Futtertiere geraten werden. Diese fangen Sie in unbelasteten Gebieten, entfernt von stark befahrenen Straßen und weit weg von Feldern, die mit Pflanzenschutzmitteln behandelt wurden. Das Einstäuben mit einem Präparat ist nicht notwendig.

Gekaufte Futtertiere sollten Sie nie gleich verfüttern, da sie häufig mit minderwertigem Futter versorgt wurden und nicht sehr nährstoffreich sind. Päppeln Sie die Futtertiere über eine Woche mit frischem Futter auf und stäuben Sie sie dann mit einem Minralstoffpräparat ein. Da diese Futtertiere kein D3 gebildet haben, sollten Sie sie zusätzlich mit einem D3-haltigen

Chamaeleo (Trioceros) montium

Vitaminpräparat einstäuben.

Es gibt fertig gemischte Präparate, die alle lebenswichtigen Vitamine und Mineralien im richtigen Verhältnis enthalten. Bewährt hat sich hier das Präparat Korvimin ZVT, das Sie in der Apotheke oder bei Ihrem Tierarzt erhalten. Die Palette der angebotenen Mittel ist aber breit. Es gibt andere Mittel, die bestimmt ähnlich gut sind. Fragen Sie einfach den Züchter oder Händler, bei dem Sie Ihre Chamäleons kaufen, nach seinem Tipp. Einzig pastenartige und flüssige Präparate sind meist zu hoch konzentriert und schwierig zu dosieren.

Um es Ihnen als Anfänger etwas zu vereinfachen, geben wir folgenden Rat: Stäuben Sie wirklich alle Futtertiere, außer in der Natur gefangene, mit einem Vitamin-Mineralstoff-Präparat ein. Damit Sie dabei nicht überdosieren, mischen Sie Ihr Präparat, beispielsweise Korvimin ZVT, zu gleichen Teilen mit einem Kalziumpräparat, hier raten wir Ihnen zu einem Präparat aus zerstoßenen Sepia-Schalen. Zusätzlich können Sie pulverisierte Sepiaschalen in einer Schale im Terrarium platzieren, die aktiv gefressen werden. Lesen Sie zu diesem Themenkomplex unbedingt auch den Absatz „Beleuchtung" im Kapitel „Haltung".

Ernährung

wiesen. Wachsmaden werden im Handel angeboten.

Wachsmaden sollten nicht häufiger als ein- bis zweimal im Monat möglichst direkt von der Pinzette angeboten werden. Ihre sehr starken Kiefer sollten vor dem Verfüttern mit der Pinzette gebrochen werden, damit sie dem Chamäleon keine inneren Verletzungen zufügen können. Wachsmaden scheinen ein sehr beliebtes Futter zu sein, denn selbst Chamäleons, die gerade jede Art von Nahrung verweigern, schießen Wachsmaden! Durch ihren hohen Proteingehalt sind Wachsmaden ein wahres Energiefutter.

Schaben

Sie erhalten im Handel verschiedene Schabenarten als Futter. Nicht alle Chamäleons fressen Schaben gerne, Sie müssen etwas herumprobieren. Das Verfüttern ist nicht ganz einfach, denn Schaben rennen oft blitzartig in das nächste Versteck und waren nicht mehr gesehen. Am besten verfüttern Sie sie mit der Pinzette. Schaben sind gute Proteinlieferanten. Päppeln Sie sie vor dem Verfüttern auf.

Schwarzkäferlarven (Mehlwürmer)

Inzwischen werden im Handel verschiedene „Mehlwürmer" angeboten, weshalb der Begriff „Schwarzkäferlarven" besser geeignet erscheint. Neben den bekannten Larven des kleinen Mehlkäfers, *Tenebrio melitor*, wird hauptsächlich eine größere Variante angeboten, die Larve des Käfers *Zoophobas atratus*. Beide sind gut als gelegentliches Beifutter, auf keinen Fall aber als Alleinfutter geeignet. Als Abwechslung einmal im Monat etwa zwei Larven, das sollte für ein Chamäleon genug von dieser Futterart sein. Besonders die Larven des kleineren Mehlwurms bestehen zu einem Großteil aus Fettgewebe und sind nicht sehr nahrhaft. Geben Sie den Würmern ein paar Tage vor dem Verfüttern Obst zu fressen und bestäuben Sie sie vor der Fütterung. Mehlwürmer verkriechen sich im Terrarium schnell, darum sollten sie von der Pinzette angeboten werden.

Mäuse

Mäuse stellen ein sehr gutes Futter für größere Chamäleonarten dar. Sie enthalten viele Vitamine und Mineralien, die Ihr Chamäleon benötigt und sind zudem sehr nahrhaft. Deshalb sind sie vor allem für gravide Weibchen bestens geeignet. Nestjunge Mäuse sind kaum größer als eine ausgewachsene Grille. Frisch geborene, nackte Mäuse (häufig „Pinkys" genannt) sind nicht sehr widerstandsfähig, Sie sollten diese nur gezielt verfüttern. Leicht befellte Tiere überleben einige Stunden im Terrarium.

So nahrhaft dieses Futter auch ist, es ist wie alle anderen Futtertiere kein Alleinfutter. Sie sollten nestjunge Mäuse mit einem Mineralstoffpulver bestäuben, da das noch knorpelige Skelett nicht viel Kalzium enthält.

Freilandfänge

In den warmen Monaten bietet es sich an, Futtertiere selbst im Freien zu fangen oder spezielle Licht-, Wärme- oder Pheromonfallen aufzustellen, die inzwischen fertig eingerichtet im Handel angeboten werden. Achten Sie darauf, dass die Futtertiere in unbelasteter Umgebung frei von Um-

Ernährung

weltgiften und fern vom Straßenverkehr gefangen werden. Fangen und verfüttern Sie nur Tiere, deren Ungefährlichkeit Sie für Ihre Chamäleons kennen. Gefährlich wird ein Futtertier, wenn es sich durch Stiche oder Bisse wehren kann oder an sich giftig ist. Fütterungen mit Freilandfängen sind für Sie günstig und für Ihre Chamäleons ein abwechslungsreiches und sehr gesundes Futter. Mit einem feinmaschigen Kescher fangen Sie kleinste Insekten, als Wiesenplankton bekannt, zur Aufzucht. Da dieses Futter reich an Vitaminen (auch an D3!) ist, sollten Freilandfänge nicht zusätzlich eingestäubt und sofort verfüttert werden!

Zur Fütterung werden sogar die sonst eher „ruhigen" Chamäleons aktiv – wie dieses *Chamaeleo quilensis*. Foto: B. Kahl

Krankheiten bei Chamäleons

Die Diagnose und Behandlung von Reptilienkrankheiten gehört in die Hände von erfahrenen Spezialisten. Es gibt immer mehr Tierärzte, die sich auf das Gebiet der Terraristik spezialisiert haben und bei der Behandlung von Erkrankungen immer bessere Erfolge vorweisen können. Zur Zeit haben wir aber noch keinen Grund zum Triumphieren, denn die Heilung ernsthaft erkrankter Chamäleons gehört zu den Ausnahmen. Oft stehen nicht die geeigneten Medikamente zur Verfügung, die Tiere sind zu geschwächt, eine Behandlung ist nicht möglich. Der Schaden kann meist nur begrenzt und die Infektion weiterer Tiere durch Quarantänemaßnahmen verhindert werden. Nicht jede Verschlechterung des Allgemein- oder Gesundheitszustandes muss aber auf eine ernsthafte Erkrankung zurückzuführen sein. Oftmals liegen die Ursachen für ein sichtbares Unwohlsein in einer falschen Haltung und sind nicht die Folge einer Infektion oder eines Parasitenbefalls. Auch wenn Sie selbst den Tierarzt nicht ersetzen können und auch nicht sollen, müssen Sie in der Lage sein, Krankheits- und Stresssymptome bei Ihren Chamäleons zu erkennen, um dann einen Fachmann zur Unterstützung hinzu ziehen zu können.

Krankheiten vorbeugen

Da wir bei der Behandlung und Heilung von kranken Chamäleons auf die genannten Schwierigkeiten stoßen, müssen wir in der Vorbeugung um so engagierter und gewissenhafter sein.

An erster Stelle stehen natürlich der Erwerb gesunder Chamäleons und eine optimale Haltung. Worauf Sie beim Chamäleonkauf achten müssen, konnten Sie bereits im Kapitel „Haltung" lesen. Die optimalen Haltungsbedingungen für Ihre Art entnehmen Sie dem speziellen Artenteil. Chamäleons fühlen sich bei optimaler Haltung wohl und dieses Wohlfühlen hat einen entscheidenden Einfluss auf ihre Gesundheit. Ein Chamäleon, das unter optimalen Bedingungen gehalten wird, ist nicht gestresst, frisst gut, erhält auf diesem Weg alle lebenswichtigen Nährstoffe, Vitamine und Mineralien und steht den ständigen Attacken von Krankheitserregern gut gerüstet, mit einem gestärkten Körper und einem intakten Immunsytem gegenüber.

Eine optimale Haltung schließt auch eine optimale Hygiene im Terrarium ein. Krankheitserreger sind zwar ständig um uns, aber sie bevorzugen eine Umgebung, die wir als dreckig empfinden, um sich vermehren zu können. Alle Chamäleons scheiden mit ihrem Kot auch Bakterien aus. Gute Voraussetzungen für ihre Vermehrung finden diese Krankheitserreger in dreckigen Wasserschalen, in Kotansammlungen, die nicht entfernt werden, in stickigen, schlecht durchlüfteten Ecken des Terrariums. Erst wenn sich die Krankheitserreger drastisch vermehren und ein Chamäleon massenhaft befallen können, kann die ansonsten stabile Immunabwehr überwunden werden und das Chamäleon erkrankt. Kommen zu den unhygienischen Haltungsbedingungen noch andere Haltungsfehler dazu, was leider oft der Fall ist, so potenziert sich die Gefahr einer Infektion, da das Chamäleon an sich schon zu geschwächt ist.

Wann ein Chamäleon krank ist

Es gibt eine sehr einfache Regel, wann ein Tier krank ist: Es verhält sich anders als üblich. Selbstverständlich verfügt jedes Lebewesen über ein umfangreiches Verhaltensrepertoire und auch Chamäleons machen nicht immer das Gleiche. Sie zeigen beispielsweise ein sehr interessantes Balz- oder Drohverhalten. Gemeint sind daher Abweichungen vom natürlichen Verhalten. Alarmzeichen sind eine allgemeine Kraftlosigkeit, kein Appetit und Verweigerung jeglicher Nahrungsaufnahme, Orientierungslosigkeit, eine blasse oder ständig dunkle Färbung und jede sichtbare Veränderung an der Haut, den Augen, dem Maul oder der Kloake.

Stellen Sie eine oder mehrere der genannten Veränderungen fest, dann sollten Sie sich mit Ihrem Chamäleon an einen Tierarzt wenden. Es gibt inzwischen eine Reihe sehr guter Bücher über Reptilienkrankheiten. Wir erachten es als ungünstig, in einem Buch, das sich vor allen an den Anfänger wendet, Symptome mit möglichen Krankheiten und deren Behandlung aufzulisten. Selbst erfahrene Chamäleonzüchter haben ihre Probleme bei der Behandlung von Erkrankungen, einem Anfänger kann nicht zur selbstständigen Behandlung geraten werden. Bemerken Sie bei einem Ihrer Chamäleons beunruhigende Veränderungen, so nehmen Sie Kontakt zum Tierarzt oder einem Ihnen bekannten Züchter auf! Typische Gesundheitsprobleme, die sich auf Haltungsfehlern begründen, werden in den Kapiteln angesprochen, in denen die entsppprechenden Haltungsbedingungen genannt werden.

Zucht und Aufzucht

Das oberste Ziel jedes Terrarianers muss es sein, seine Tiere nicht nur am Leben zu halten, sondern auch zur Vermehrung zu bringen. Nachzuchten haben nicht nur den Vorteil, dass sie Wildfänge weitestgehend überflüssig machen, sie haben auch eine größere Überlebenschance, da sie meist frei von Parasiten sind und ihnen keine unnötig langen Transportwege bevorstehen. Im Teil „Biologie und Evolution" wurde schon genauer auf das Verhalten während der Paarung eingegangen, so dass wir an dieser Stelle nur noch auf die haltungstechnischen Aspekte während der Paarung, der Zeitigung und auf die Aufzucht der Jungchamäleons eingehen.

Die Paarung

Die Paarung erfolgt in der Natur periodisch in den Jahreszeiten, die ein besonders günstiges Klima bieten und wenn Nahrung in größerem Umfang zur Vefügung steht. Meist sind dies Zeiten, die sich an unwirtlichere Trocken- oder Kälteperioden anschließen. Bei einigen Arten ist es notwendig, diese Trocken- oder Kälteperioden nachzuahmen, um die Paarungsbereitschaft und auch die Eientwicklung zu stimulieren. Setzen Sie zur Paarung das weibliche Chamäleon zu dem Männchen, wenn Sie die Geschlechter getrennt halten. Sie erkennen recht leicht am Verhalten des Weibchens, ob es zur Paarung bereit ist. Dies ist in der Regel dann der Fall, wenn es sich bei Annäherungsversuchen des Männchens passiv verhält. Ein paarungsunwilliges Weibchen macht dies durch seine Warnfärbung, Querwackeln, Flucht oder Verstecken deutlich. Lässt das männliche Chamäleon nicht locker, geht es auch aggressiv auf den Partner zu. Die Paarung kann je nach Art nur einige Minuten oder auch mehrere Stunden dauern. Es können auch an den folgenden Tagen weitere Kopulationen folgen. Lassen Sie die Chamäleons aber nie unbeaufsichtigt zusammen! Die Stimmung der Tiere kann schnell aggressiv werden. Das Weibchen zeigt meist durch eine auffallende Färbung an, dass es gravide ist. Die Weibchen vieler Chamäleonarten sind fähig, den einmal empfangenen Samen über längere Zeit in einer Samentasche (dem Receptaculum seminis) zu speichern und damit auch künftig Eier ohne erneuten Sexualkontakt zu befruchten. Die Befruchtungsrate sinkt aber stetig, so dass die neue Befruchtung durch ein Männchen sinnvoller ist, da die Weibchen in jedem Fall neue Eier produzieren.

Unbefruchtete Eier können eine Gefahr für die Gesundheit darstellen. Sie sind häufig von amorpher Gestalt und können den Geburtskanal verkleben und verschließen. Während der Gravidität benötigt das Weibchen sehr viel Futter und sehr viele Vitamine und Mineralstoffe. Sie müssen dem Weibchen deshalb soviel Futter anbieten, wie es frisst. Auf eine ausreichende Wasseraufnahme ist unbedingt zu achten. Es ist nicht ungewöhnlich, dass ein Weibchen zu Ende der Trächtigkeit die Futteraufnahme verweigert. Die Trächtigkeitsdauer ist sehr unterschiedlich. Sie liegt bei oviparen Arten zwischen einer Woche und mehreren

Ein junges *Chamaeleo quilensis* schaut schon interessiert in seine Welt. Foto: B. Kahl

Zucht und Aufzucht

Legenot

Die Legenot ist – wie die Dehydration – keine Erkrankung, sondern eine recht häufige Komplikation bei weiblichen Chamäleons, die deshalb besonders erwähnt werden muss. Die Komplikation besteht darin, dass die fertigen Eier nicht abgelegt werden, sondern im Körper verbleiben und das Chamäleon verendet. Es gibt unterschiedliche Ursachen für die Legenot, die von schlechten Haltungsbedingungen bis zu organischen Ursachen reichen. Chamäleons suchen sich ihren Ablageplatz genau aus. Findet ein Weibchen keinen geeigneten Platz, so legt es seine Eier nicht ab. Anscheinend stirbt es lieber, als die Eier dem sicheren Tod zu übergeben. Manchmal genügt schon das Angebot eines geeigneten Platzes, um das Weibchen doch zur Ablage zu bewegen. Bieten Sie am besten von Anfang an verschiedene Substrate im Terrarium an, indem Sie eine Fläche trockener, eine feuchter, eine wärmer und die andere kühler halten.

Die Ursache kann aber auch ein schlechter Allgemeinzustand des Chamäleons sein. Auch eine Unterversorgung mit Kalzium kann das Problem verursachen. Ein gravides Weibchen benötigt sehr viel Kalzium zum Aufbau der Eierschalen. Kalzium ist aber auch für die Erregung der quergestreiften Muskulatur zuständig, die für die Wehen und somit die Kontraktion zur Ablage verantwortlich sind. Hat der Körper zu wenig Kalzium, um die Wehen einzuleiten, so kann das Weibchen seine Eier nicht ablegen.

Für ein Chamäleon ist es auch wichtig, dass es sich bei der Eiablage nicht in einem Stresszustand befindet. Lassen Sie das Chamäleon seine Eier in aller Ruhe ablegen, auch wenn Sie gerne jeden Schritt beobachten wollen.

Kann das Chamäleon seine Eier aufgrund von inneren Organschäden nicht ablegen, dann sind Sie beinahe machtlos. In allen Fällen sollten Sie die Hilfe eines erfahrenen Züchters oder Tierarztes annehmen, denn es wurden schon Erfolge nach der Injektion wehenfördernder Mittel gemeldet. In leichteren Fällen soll man die Eier auch herausmassieren können, in unseren Augen ein eher heikles Verfahren, das vielleicht ein erfahrener Tierarzt versuchen kann, aber kein Einsteiger!

Bei diesem weiblichen Chamäleon scheint jede Hilfe zu spät zu kommen. Das Tier ist stark dehydriert und unterernährt. Die eingefallenen Augen und die sich abzeichnenden Eier lassen keine Hoffnung auf eine selbstständige Eiablage mehr zu.

Zucht und Aufzucht

Chamaeleo calyptratus gehört zu den regelmäßig nachgezüchteten Arten.
Foto: Aqualife Taiwan

Monaten, wohingegen sie bei ovoviviparen Arten meist mehrere Monate beträgt, da hier die gesamte Embryonalentwicklung im Mutterleib erfolgt und voll lebensfähige Chamäleons geboren werden.

Die Eiablage

Ovipare Arten legen ihre Eier im feuchten, entsprechend temperierten Bodensubstrat ab. Die Ablage sollte im Terrarium erfolgen. Wir raten dem Anfänger davon ab, die Weibchen vor der Eiablage in ein separates Terrarium zu überführen. Dieses Legeterrarium bietet vielleicht einige Vorteile, so können Sie ein recht steriles Substrat anbieten, dessen Temperatur und Feuchtigkeit Sie sehr genau einstellen können, aber dies erfordert Erfahrung, die ein Anfänger nicht unbedingt mitbringt. Es ist für einen Anfänger auch nicht leicht, den genauen Eiablagetermin zu bestimmen. Im Zweifelsfall setzen Sie das Weibchen

Zucht und Aufzucht

dann mehrere Male hin und her, da Sie es auch nicht in dem Eiablagebehälter lassen können. Letztlich bedeutet dies für das Weibchen nur Stress und hebt die Vorteile wieder auf. Die Suche nach den Eiern kann im Terrarium zwar etwas mühsam sein, aber Sie haben als Anfänger weniger Komplikationen bei der Ablage, wenn Sie das Weibchen im Terrarium belassen.

Ein Weibchen, das kurz vor der Eiablage steht, erkennen Sie daran, dass es recht nervös wirkt, Probegrabungen macht und auf der Suche nach einem geeigneten Eiablageplatz ist. Die Eier sollten erst nach vollständiger Ablage aus dem Terrarium entfernt und in einen Zeitigungsbehälter überführt werden. Achten Sie darauf, dass Sie die Lage der Eier (Ober- und Unterseite) nicht verändern! Die Gelegegrößen variieren von Art zu Art sehr stark. Manche Arten legen nur zwei, manche regelmäßig über sechzig Eier. Auch ein und dasselbe Weibchen legt nicht immer die gleiche Eianzahl. Allerdings ist hier eine Rekordjagd völlig fehl am Platz! Beobachtungen in der Natur haben gezeigt, dass die Gelege dort oft kleiner sind als unter menschlicher Pflege. Dies gilt vor allem für Arten, die in periodisch ungünstigen Gebieten leben. Werden diese Arten zu reichlich ernährt und „überoptimal" gehalten, dann kann es zu unnatürlich großen Gelegen kommen. Solch überdimensionierte Gelege, wie beispielsweise über 50 Eier bei *Chamaeleo calyptratus*, sind kein Zeichen für eine optimale Haltung, sondern für eine nicht artgerechte Überversorgung. Die Chamäleonweibchen produzieren ihrer Arterhaltungsmotivation folgend solche Gelegegrößen, die sie körperlich derart ver-

Die Weibchen von *Furcifer pardalis* graben in geeignetem Substrat Gänge zur Eiablage.

brauchen, dass sie nicht sehr alt werden. In der Natur wurden für *Chamaeleo calyptratus* Gelegegrößen von ungefähr 25 Eiern gezählt; dies sollte auch die angestrebte Gelegegröße im Terrarium sein.

Bevor Sie züchten, müssen Sie sich beizeiten Gedanken über die Unterbringung der Nachzucht machen! Sie sollten die Jungtiere erst in einem Alter von zwei bis drei Monaten abgeben – bis dahin müssen Sie auf jeden Fall für eine Unterbringungsmöglichkeit sorgen. Wollen Sie dann Ihre Jungtiere verkaufen, hilft Ihnen der Kontakt zu anderen Terrarianern, Annoncen in Zeitschriften, der Verkauf auf einer Börse oder an einen seriösen Händler weiter.

Die Zeitigung der Eier

Wenn Sie die Eier aus dem Terrarium überführen, dürfen Sie deren Lage (Ober- und Unterseite) nicht verändern! Auf keinen Fall dürfen die Eier im Wasser liegen und auch die Bildung von Staunässe ist unbedingt zu vermeiden. Besser geeignet als natürliche Substrate wie Erde oder Torf sind künst-

Zucht und Aufzucht

Ein Gelege von *Chamaeleo (Trioceros) wiedersheimi* in einer Plastikschale. Überwachen Sie die Temperatur und Feuchtigkeit des Substrats regelmäßig.

liche Produkte, die das Wasser aufnehmen, für ein feuchtes Klima sorgen und zugleich Wasser sehr gut speichern können. Empfohlen werden vor allem die Substrate Vermiculite und Perlite. Beides sind Produkte, die sowohl in der Floristik zu Auflockerung des Erdreiches, als auch als Dämmstoff beim Bau eingesetzt werden. Als Baustoffe sind diese Produkte imprägniert und für die Terraristik unbrauchbar! Kaufen Sie nur die unbehandelten Produkte aus der Floristik, die Sie in jedem Gartencenter und auch im Terraristikladen erhalten können.

Als Zeitigungsbehälter eignen sich kleine Plastikschalen, die sich verschließen lassen. Wenige Löcher in dem möglichst durchsichtigen Deckel oder an den Seiten oberhalb der Substrathöhe und das gelegentliche Öffnen der Schale zum Befeuchten genügen für eine ausreichende Belüftung. Als besonders günstig haben sich Zimmergewächshäuser erwiesen. Diese kleinen Plastikgewächshäuser, die man häufig zur Anzucht von Samen verwendet, haben den Vorteil, dass an dem

Geschlechtsdimorphismus

Geschlechtsdimorphismus bezeichnet die Erscheinung, dass sich männliche und weibliche Tiere anhand äußerlicher Merkmale auseinanderhalten lassen. Die meisten Chamäleonarten zeigen einen mehr oder minder stark ausgeprägten Geschlechtsdimorphismus. Dabei ist es nicht möglich, allgemeingültige Unterscheidungskriterien aufzustellen. Jede Art hat ihre speziellen Merkmale, die männliche und weibliche Tiere unterscheiden. Männliche Chamäleons haben jedoch immer eine verdickte Schwanzwurzel. Häufig sind auch Größenunterschiede zwischen den Geschlechtern vorhanden, und man findet eine geschlechtsspezifische Färbung. Bei Arten, die Hörner, einen Helm oder auch Kämme tragen, sind diese Merkmale bei den männlichen Chamäleons meist stärker ausgeprägt und bei den Weibchen teils nicht oder – beim Beispiel der Hörner – nur in verminderter Anzahl vorhanden. Bei einigen Arten haben die Männchen einen längeren Schwanz, bei anderen Arten zeigen die Männchen einen charakteristischen Sporn an den Hinterbeinen. Diese Geschlechtsunterschiede deuten sich teils schon bei sehr jungen Chamäleons kurz nach dem Schlupf an, werden aber erst mit eintretender Geschlechtsreife deutlich sichtbar. Dies ist ein weiterer Grund, warum Sie die Chamäleons nicht gleich nach dem Schlupf, sondern erst in einem Alter von etwa zwei bis drei Monaten erwerben sollten.

Chamaeleo (Trioceros) wiedersheimi

Zucht und Aufzucht

schrägen Deckel das Kondenswasser ablaufen kann und sie durch ihre Größe seltener angefeuchtet werden müssen, als kleinere Plastikschalen. Plastikschalen sollten Sie auf jeden Fall leicht schräg stellen, um das Tropfen des Kondenswassers auf die Eier zu verhindern. Stellen Sie die Behälter auf jeden Fall dunkel! In der Natur liegen die Eier auch vor Sonnenlicht geschützt unter der Erde. Achten Sie immer darauf, dass das Bodensubstrat nicht austrocknet und besprühen Sie es regelmäßig, ohne dabei die Eier mit Wasser zu benetzen, denn die Ihnen zugewandte Oberseite der Eier ist für den Gasaustausch zuständig. Es hat sich gezeigt, dass sich periodisch zu trocken gehaltene Eier besser erholen als zu feucht gehaltene, die meist absterben. Im Zweifel also lieber ein Tick zu wenig als zu viel.

Die Zeitigungsdauer ist von Art zu Art recht unterschiedlich und variiert mit der Temperatur und Jahreszeit der Ablage. Genauere Angaben finden Sie in den Artbeschreibungen im speziellen Teil.

In einem Gelege können sich unbefruchtete Eier befinden. Diese erkennen Sie meist an der gelblicheren Farbe. Meist wird die Schale schnell faltig und die Eier nehmen nicht an Größe zu. Dies muss aber nicht so sein! Es sind Fälle bekannt, in denen sich auch unbefruchtete Eier bis kurz vor dem eigentlichen Schlupf wie befruchtete Eier entwickelten! Unser Tipp ist: Überführen Sie immer alle Eier aus dem Terrarium in die Zeitigungsbehälter. Nur erkannte unbefruchtete Eier und solche, die während der Zeitigung absterben, müssen entfernt werden. Sie sind der ideale Brutplatz für alle möglichen Keime und Pilze, die dann schnell auch die gesunden Eier befallen können.

Ein Ei von *Furcifer pardalis* kurz vor dem Schlupf.

Ein Gelege von *Furcifer pardalis*. Links auf dem Schalenrand sitzt der erste Schlüpfling.

Ein gerade geschlüpftes Jungtier von *Furcifer pardalis*. Fotos: I. Francais

Zucht und Aufzucht

Chamaeleo (Trioceros) jacksonii gehört – wie die meisten Montan-Arten – zu den ovoviviparen Chamäleons. Gravide Weibchen müssen besonders sorgfältig versorgt werden. Hier ein ausgewachsenes Männchen. Foto: Aqualife Taiwan

Die Eier nehmen während der Zeitigungsdauer oft beträchtlich an Größe zu. Kurz vor dem Schlupf der kleinen Chamäleons kann man manchmal ein typisches Schwitzen der Eier beobachten, kleine Wasserperlen bilden sich auf der Schale. Der Schlupf sollte dann innerhalb der nächsten zwei Tage stattfinden. Lassen Sie den jungen Chamäleons genügend Zeit, sich mit ihrem Eizahn aus der pergamentartigen Schale zu befreien. Der gesamte Schlupf kann sich über ein bis zwei Tage hinziehen. Innerhalb eines Geleges können zwischen dem Schlupf des ersten bis zum letzten Chamäleon – trotz identischer Bedingungen – mehrere Wochen liegen! Dabei hat sich ein interessantes Phänomen gezeigt. Werden die Eier dicht aneinander in einem Kluster gezeitigt, so schlüpfen die Chamäleons relativ gleichzeitig. Dabei spielt es keine Rolle, wie weit sie in ihrer Individualentwicklung sind. Legt man die Eier getrennt, mit einem Abstand von etwa zwei Zentimetern, in die Zeitigungsschale, so schlüpft ein Chamäleon erst dann, wenn es vollständig entwickelt ist. Diese Art der Zeitigung ist daher für die Terrarienhaltung anzuraten, denn

Zucht und Aufzucht

so sind die Jungtiere wesentlich vitaler. Die frisch geschlüpften Jungen setzen Sie sofort in ein Aufzuchtterrarium um, in dem Sie je nach Größe des Behälters und Verträglichkeit der Art auch mehrere Chamäleons gemeinsam aufziehen können.

Die Geburt bei ovoviviparen Arten

„Bei lebendgebährenden Arten hat man den Vorteil, dass man sich nicht um die Zeitigung der Eier kümmern muss. Bei lebendgebärenden Arten wird im Prinzip nur das Weibchen bei bester Gesundheit erhalten, der Rest läuft dann schon von selbst." Mit dieser Meinung, die natürlich ihre wahren Seiten hat, ist leider oft der Irrglaube verbunden, dass eine lebendgebärende Art der richtige Einstieg für einen Anfänger ist. Aber das ist leider nicht der Fall. Viele der lebendgebärenden Arten sind an sich schon heikel zu halten. Die Ovoviviparie ist eine Anpassung an unwirtliche Lebensräume, deren Nachahmung den Terrarianer vor größere haltungstechnische Schwierigkeiten stellt. Ein gravides Weibchen hat nochmals höhere Pflegeansprüche. Während der Trächtigkeit, die bis zu zehn Monaten dauern kann, stellen Sie dem Chamäleon soviel Futter zur Verfügung, wie es fressen will und achten besonders auf eine ausreichende Zufuhr von Wasser, Vitaminen und Mineralstoffen. Die Jungen werden vorzugsweise in den Morgenstunden geboren, wenn die Luftfeuchtigkeit hoch ist. Sie überführen die Jungen nach dem Ende der kompletten Geburt in Aufzuchtbecken. Diese besetzen Sie, je nach Größe des Behälters und Verträglichkeit der Art, mit mehreren Jungchamäleons oder zie-

hen den Nachwuchs getrennt groß. Als eine weitere Möglichkeit können Sie auch das Mutterchamäleon in einem zur Aufzucht geeigneten Terrarium gebären lassen. Nach der Geburt setzen Sie dann das Muttertier um. Dies hat sich insoweit als vorteilhaft erwiesen, als dass die Jungtiere einem geringeren Stress ausgesetzt sind.
Es gibt eigentlich keine lebendgebärende Chamäleonart, die dem Anfänger uneingeschränkt empfohlen werden kann. Selbst das recht verbreitete und auch in diesem Buch aufgeführte *Chamaeleo (Trioceros) jacksonii* ist keine wirkliche Anfängerart. Die Überlebenschancen der Jungtiere liegen selbst bei erfahrenen Haltern oft unter 50 Prozent.

Die Aufzucht der Jungchamäleons

Zur Aufzucht sollten die Chamäleons in nicht zu große Terrarien gesetzt werden. Zu große Terrarien werden schnell unübersichtlich. Sie können das Chamäleon weder im Auge behalten, noch die Nahrungs- und Wasseraufnahme ausreichend beobachten.
Viele Jungchamäleons sind sehr aggressiv oder leicht stressbar. Allein der An-

Während der Paarungszeit können *Chamaeleo (Trioceros) johnstoni* über mehrere Wochen täglich zusammengesetzt werden. Im Gegensatz zu *Chamaeleo (Trioceros) jacksonii* – mit dem diese Art aufgrund des ähnlichen Namens und ihres ähnlichen Äußeren häufig verwechselt wird – ist *Chamaeleo (Trioceros) johnstoni* ovipar.

Zucht und Aufzucht

Sehr schön ist das Größenwachstum der Jungchamäleons zu sehen. Diese Nachzuchten von *Brookesia thieli* sind ein, sechs und zwölf Monate alt.

blick eines Artgenossen kann Stress und Unwohlsein auslösen, daher hat es sich bewährt, bei einer Einzelaufzucht die Aufzuchtterrarien nebeneinander zu stellen und jeweils von innen so abzukleben, dass sich die Chamäleons gegenseitig nicht sehen und somit stressen können. Jungtiere sind wesentlich stressanfälliger als adulte Chamäleons.

Die Temperaturen sollten insgesamt weniger extrem sein als bei den adulten Tieren, die Luftfeuchtigkeit muss etwas höher sein. Kleine Terrarien heizen sich wesentlich schneller auf als große Terrarien. Für die Aufzuchtbehälter bedeutet dies, dass Sie die Temperatur sehr genau kontrollieren müssen. Meist wird eine optimale Haltungstemperatur schon mit Leuchtstoffröhren erreicht, ein zusätzlicher Spot kann artabhängig notwendig sein, darf dann aber nicht zu einer Überhitzung führen. Bei der geforderten hohen Luftfeuchtigkeit müssen Sie unbedingt Stauluft verhindern, die Krankheitskeimen einen guten Nährboden liefert.

Als Futter geben Sie – der Größe der Chamäleons entsprechend – kleine Grillen, *Drosophila* und alle Futtertiere, die überwältigt werden können. Als Faustregel gilt, dass das Futtertier eine knappe Schnauzenlänge lang sein darf, lieber etwas kleiner als zu groß. Mit zunehmender Größe der Chamäleons können auch größere Futtertiere gereicht werden. Alle Futtertiere stäuben Sie mit einem Mineralstoff-Vitamin-Präparat ein. In dieser sensiblen Wachstumsphase sind Vitamine und Mineralstoffe besonders wichtig, da es bei einer falschen Versorgung schnell zu Missbildungen im Knochenbau kommen kann. Auf die Bedeutung von Ergänzungsmitteln und die Beschaffung geeigneter Futtertiere sind wir im Kapitel „Ernährung" bereits genauer eingegangen.

Je nach Art wird die Geschlechtsreife bei Chamäleons schon nach drei bis zwölf Monaten erreicht. Dies ist aber noch nicht der Zeitpunkt, ab dem Sie die Tiere auch verpaaren sollten! Die Fähigkeit Nachwuchs zu produzieren, ohne zuviel körperliche Substanz zu verlieren, tritt erst viel später ein.

Es hat sich in den Zuchtlinien einiger Arten gezeigt, dass es sich positiv auf die Vitalität der Jungtiere auswirkt, wenn ab und zu neue Chamäleons aus anderen Zuchtlinien eingekreuzt werden. Wird die Zucht zu lange mit dem gleichen Stamm betrieben, so kann es zu Inzuchtschäden kommen, mehr Eier bleiben unbefruchtet, die Mortalität der Juntiere steigt und vor allem sind die Nachkommen insgesamt kleiner.

Artenteil

Auf den folgenden Seiten stellen wir Ihnen fünf Chamäleonarten genauer vor. Wir haben die Auswahl nach zwei Kriterien getroffen: Zum einen werden die beschriebenen Arten in Deutschland recht regelmäßig nachgezogen, zum anderen stellen *Furcifer pardalis*, *Chamaeleo calyptratus* und *Furcifer lateralis* relativ einfach zu haltende Arten dar. *Chamaeleo (Trioceros) montium* und *Chamaeleo (Trioceros) jacksonii xantholophus* sollen die steigenden Ansprüche und Schwierigkeiten in der Haltung verdeutlichen und hier stellvertretend für westafrikanische (*Chamaeleo montium*) beziehungsweise ostafrikanische Montan-Arten (*Chamaeleo (Trioceros) j. xantholophus*) stehen. Die Beschaffung der Nachzuchttiere dieser Arten könnte etwas aufwändiger werden, da die Tiere nicht in den Mengen nachgezogen werden, wie dies bei *Furcifer pardalis* oder *Chamaeleo calyptratus* der Fall ist. Die beispielhafte Auswahl, besonders der Montanarten, ist durch subjektive Erfahrungen geprägt und könnte auch anders ausfallen.

Die dargelegten Erkenntnisse spiegeln das derzeitige Wissen wider und berücksichtigen die praktischen Erfahrungen, die bei der Nachzucht der Arten über Jahre gesammelt wurden. Dabei ist eines klar: Ein Buch wird nie die persönliche Erfahrung und Praxis ersetzen können. Das vorliegende Buch ist aber in der Lage, Ihnen das notwendige Grundwissen zu vermitteln. Lesen Sie den allgemeinen Teil und die Artmonographien aufmerksam durch. Auf diesem Weg erwerben Sie das theoretische Wissen, das Ihnen die Pflege der beschriebenen Arten ermöglichen sollte. Je tiefer Sie in die Materie eintauchen, desto spezieller werden Ihre Fragen und um so umfassender Ihr Verständnis für die Bedürfnisse dieser Reptiliengruppe. Auf viele Fragen kann Ihnen dieses Buch eine Antwort geben, andere Fragen wird nur die Praxis beantworten können.

Die besprochenen Arten sind nach steigendem Anspruch sortiert.

Furcifer pardalis
Foto: B. Kahl

Artenteil

Furcifer pardalis (früher: *Chamaeleo pardalis*) Cuvier, 1823
Panther-Chamäleon

Wenn Sie nach einem Chamäleon fragen, das auch für den Anfänger geeignet ist, dann wird *Furcifer pardalis* meist als erstes genannt werden. Auch wir können dem ganz ohne Unbehagen zustimmen, allerdings mit einer kleinen Einschränkung: *Furcifer pardalis* ist sehr gut zu halten, es kann aber Probleme bei der Eizeitigung geben.

Beschreibung

In der Natur werden männliche Pantherchamäleons bis über 50 cm lang, Nachzuchttiere bleiben in der Regel kleiner, weibliche *Furcifer pardalis* erreichen meist eine Gesamtlänge von 35 cm. Die Varietäten zeigen ein großes Farbspektrum, das charakteristisch für ihre Herkunft ist. Weibliche Tiere sind meist sehr unscheinbar in verschiedenen Grau- und Brauntönen gezeichnet. Alle Pantherchamäleons zeigen dabei einen mehr oder weniger stark ausgeprägten Lateralstreifen aus ovalen Flecken. Auf dem Rücken und an der Kehle haben sie einen Kamm aus Stachelschuppen. Die Männchen zeigen an der Schnauze schuppige Auswüchse zu den Seiten und nach vorne. Der Geschlechtsdimorphismus ist recht deutlich durch die unterschiedliche Färbung, die verdickte Schwanzwurzel beim Männchen, die beschriebene Schnauzenverbreiterung und den deutlichen Größenunterschied erkennbar.

Herkunft

Furcifer pardalis besiedelt auf Madagaskar ein sehr großes Verbreitungsgebiet, das sich durch die Zerstörung geschlossener Wälder noch weiter ausdehnt. So findet man es hauptsächlich im gesamten Norden sowie an der Ostküste bis weit in den Süden. Auch die vorgelagerten Inseln Nosy Bé und Nosy Bohara werden besiedelt. Auf Mauritius und Réunion existieren inzwischen auch Populationen, weil die Chamäleons dort vermutlich ausgesetzt wurden. Die von den Männchen gezeigten typischen Farbmuster lassen einen Rückschluss auf das Herkunftsgebiet der jeweiligen Population zu. So zeigen die hauptsächlich erhältlichen Varietäten aus Nosy Bé eine grüntürkise Grundfärbung mit eingestreuten roten Punkten. Die aus Diego Suarez eine grüngelbe Grundfärbung mit roter Streifenzeichnung und die aus Maroansetra bei Erregung eine nahezu komplett rote Färbung. Die Unterscheidung der Weibchen nach Herkunft ist wesentlich schwieriger. Achten Sie darauf, dass Sie zur Zucht nur wirklich zueinander passende Chamäleons gleicher Herkunft erhalten!

Lebensraum

Furcifer pardalis ist eine Chamäleonart, die sich durch ein sehr großes Anpassungsvermögen auszeichnet. Man findet sie

Artenteil

nicht nur an Waldrändern und im natürlichen Buschland, sondern als Kulturfolger auch auf Plantagen, in Parkanlagen und Gärten bis in die Städte hinein. Als einzige limitierende Faktoren dürften eine ausreichende Wasser- und Futterversorgung sowie eine relativ hohe Bodentemperatur für die Eizeitigung wirken. Deshalb liegen die Verbreitungsschwerpunkte dieser Art meist im warmen, feuchten Tiefland.

Terrarientyp

Für diese baum- und buschbewohnende Art muss das Terrarium bei einer Grundfläche von mindestens 80 cm x 60 cm mindestens 120 cm hoch sein. Häufig wird in der Literatur eine geringere Höhe für weibliche *Furcifer pardalis* angegeben. Wir halten dies nicht für richtig, da diese eierlegende Art eine mindestens 20 cm hohe Substratschicht auf dem Boden benötigt, so dass das Terrarium eines Weibchens ohnehin ein kleineres Volumen hat. Lediglich die Grundfläche kann mit 60 cm x 60 cm etwas kleiner gewählt werden. Diese Art lässt sich aufgrund des bevorzugten Klimas in umgebauten Glasterrarien (wie im Kapitel „Haltung" beschrieben) halten, ein großes Gazeterrarium eignet sich aber auch.

Die Einrichtung besteht aus einer dichten Bepflanzung und vielen Kletterästen unterschiedlicher Stärke. Bei Weibchen bedecken Sie den Boden mit einer mindestens 20 cm hohen Schicht aus einem Sand-Torf-Gemisch, welches Sie ständig leicht feucht aber nicht nass halten. Eine Hälfte des Bo-

Ein männliches *Furficer pardalis*. Die Männchen dieser Art sind wesentlich farbenreicher als die weiblichen Chamäleons. Foto: J. Schmidt

dengrundes muss zur Eiablage auf etwa 24 bis 25 °C angewärmt werden, ohne dass dabei die Feuchtigkeit sinkt.

Neben der Terrarienhaltung bietet sich für *Furcifer pardalis* auch die offene Haltung im Zimmer oder bei entsprechender Temperatur im Gewächshaus oder Wintergarten an. Auch eine Freilandhaltung im Sommer tut dieser Art gut. Die Chamäleons sind sehr standorttreu und können von diesen Haltungsmöglichkeiten profitieren.

Haltungsbedingungen

Furcifer pardalis sollten Sie nur einzeln halten. Auch wenn gelegentlich von der Vergesellschaftung berichtet wird, schafft man sich damit nur unnötige Probleme. Die Chamäleons können sehr aggressiv sein.

Diese Art ist sehr wärme- und sonnenliebend. Die Umgebungstemperaturen

Artenteil

Dieses Panther-Chamäleon-Weibchen ist nicht zur Paarung bereit und zeigt dies deutlich durch ihre typische dunkle Abwehrfärbung. Foto: J. Schmidt

sollten tagsüber bei 25 bis 28 °C liegen, wobei für einige Stunden am Tag zusätzlich ein HQL-Spot eingeschaltet werden sollte, der eine Stelle des Terrariums auf über 30 °C erwärmt. Nachts darf die Temperatur auf 20 °C fallen. Das Licht muss etwa zwölf Stunden brennen.

Die Luftfeuchtigkeit muss morgens und abends durch ausreichendes Sprühen auf annähernd 100 % gebracht werden. Im Lauf des Tages sollte die Terrarieneinrichtung einmal durchtrocknen können. Unter 70 % darf die Luftfeuchtigkeit auf Dauer nicht fallen.

Manchmal legen diese Chamäleons eine Ruhephase ein, in der sie inaktiver sind und weniger Fressen. Die Pause muss nicht durch veränderte Haltungsbedingungen ausgelöst werden, sondern scheint Bestandteil des Jahresrhythmus der Art zu sein. In dieser Zeit sind die Chamäleons oft auch nicht zur Paarung bereit.

Futter- und Wasserversorgung

Furcifer pardalis ist beim Futter nicht wählerisch und frisst alle Futtertiere bis zur Größe nestjunger Mäuse. Stäuben Sie die Futtertiere immer gut ein.

Das tägliche Besprühen genügt zur Wasseraufnahme, sie gewöhnen sich aber auch sehr leicht an das Tränken per Pipette.

Paarung

Im Terrarium kann die Art ganzjährig mit Ausnahme der natürlichen Ruhephase verpaart werden. Die Weibchen legen alle acht bis zwölf Wochen Eier ab. Obwohl sie in der Lage sind, den männlichen Samen längere Zeit zu speichern, sollten Sie den Chamäleons die Möglichkeit zur Paarung geben, da das Weibchen auf jeden Fall Eier produziert, so aber mehr Eier befruchtet werden. Zwei bis drei Wochen nach der Eiablage sind die Weibchen oft schon wieder paarungsbereit.

Artenteil

Bei diesem erfolgversprechenden Paarungsversuch verfolgt das Männchen von *Furcifer pardalis* das Weibchen zunächst (links), um es dann zu besteigen und seine Kloake zur Begattung unter die ihre zu schieben (rechts).

Zur Paarung setzen Sie das Weibchen in das Terrarium des Männchens, da in der Natur die Männchen standorttreuer sind. Die Paarung erfolgt nach dem für Chamäleons üblichen Schema: Das Männchen signalisiert seine Paarungsbereitschaft durch Nicken und Farbwechsel. Ist das Weibchen nichtpaarungsbereit, nimmt es seine Stress- oder Graviditätsfärbung an. Ist es mit der Paarung einverstanden, entfernt es sich meist langsam, so dass das Männchen folgen kann, hebt vielleicht seinen Schwanz oder bleibt einfach an einer Stelle sitzen. Hat das Männchen das Weibchen eingeholt, versucht es seine Kloake unter die des Weibchens zu bringen. Die Kopulation dauert insgesamt etwa zehn bis neunzig Minuten. Während der gesamten Paarungszeit sollten Sie anwesend sein, um die Tiere bei auftretenden Streitigkeiten trennen zu können.

Eiablage und Eizeitigung

Die Tragzeit beträgt etwa vier Wochen. Das Weibchen legt seine Eier in einem selbstgegrabenen Gang ab. Sie können den Boden grund auf einer Seite auf etwa 24 bis 25 °C anheizen. Die Gelegegrößen schwanken, wobei kein Grund zur Rekordjagd besteht! In der Natur werden um die zwanzig Eier abgelegt. Gelegegrößen von mehr als vierzig Eiern erschöpfen ein Weibchen zu sehr. Sie sollten die Tiere vor dem Ansetzen der Eier mit dem Futter etwas knapper halten. Überführen Sie die Eier nach der Ablage in ein Minigewächshaus, das als Substrat feuchtes Vermiculite enthält. Es hat sich als günstig für die Vitalität der Jungtiere erwiesen, die Temperatur über die Zeitigungsdauer von durchschnittlich sieben Monaten gradweise von anfangs 23 auf 27 °C zu steigern. Im Extremfall kann die Zeitigungsdauer auch bis zu einem Jahr betragen. Eine geringe Nachtabsenkung von ein bis zwei Grad ist ebenfalls von Vorteil. Seien Sie beim Nachfeuchten des Geleges sehr vorsichtig und vermeiden Sie es unbedingt, die Eier direkt nass zu machen! Es gilt: Lieber etwas zu trocken als zu feucht! Der Schlupf der Jungtiere kann auch innerhalb eines Geleges um mehrere Wochen variieren.

Artenteil

Ein junges Panther-Chamäleon. Die Aufzucht der Jungtiere bereitet kaum Probleme. Sie sind gesundheitlich robust und fressen die meisten angebotenen Futtertiere problemlos. Foto: I. Francais

Kein Futter ist sicher, bevor es nicht heruntergeschluckt ist. Seien Sie bei der Fütterung immer anwesend!

Aufzucht der Jungtiere

Die frisch geschlüpften Chamäleons können Sie in den ersten sechs bis acht Wochen gemeinsam aufziehen. Sortieren Sie die Tiere regelmäßig nach ihrer Größe und seien Sie bei der Fütterung zur Kontrolle anwesend! In den ersten zwei bis drei Monaten empfielt sich eine niedrigere Temperatur von etwa 25 °C mit einer leichten Nachtabsenkung. Ein Spot kann für kurze Zeit am Tag zugeschaltet werden, wenn 28 bis 30 °C dann nicht überschritten werden. Anschließend halten Sie die Jungtiere unter den gleichen Bedingungen wie die erwachsenen Chamäleons. Auf eine ausreichende Wasserversorgung ist besonders zu achten. Die Aufzucht der Jungchamäleons ist dann nicht weiter problematisch, da kleine Futtertiere, vor allem Mikrogrillen und *Drosophila*, von Anfang an gern gefressen werden.

Nach etwa fünf bis sieben Monaten können die Chamäleons schon geschlechtsreif sein, was aber nicht bedeutet, dass Sie sie auch gleich verpaaren sollten. Wir empfehlen Ihnen aus zwei Gründen eine Paarung frühstens nach einem Jahr: Zum einen ist das Weibchen nach einem halben Jahr körperlich noch nicht voll entwickelt, zum anderen verkürzt jede Eiablage das Leben des Chamäleons unnötig.

Wenn Sie lange mit der ersten Paarung warten, kann es passieren, dass das Weibchen ein unbefruchtetes Gelege absetzt. Das schadet dem Tier in der Regel nicht und ist für Sie das eindeutige Zeichen, dass das Chamäleon körperlich ausgereift ist.

Artenteil

Chamaeleo calyptratus
Duméril, 1851
Jemen-Chamäleon

Wenn wir von *Furcifer pardalis* behaupten, dass die Art einfach zu halten ist, dann können wir von *Chamaeleo calyptratus* sagen, dass die Eizeitigung, der Schlupf und die Aufzucht der Jungtiere sehr einfach sind. Die Eiproduktion der Weibchen ist manchmal enorm, dazu weiter unten mehr. Etwas problematisch ist die richtige Ernährung.

Beschreibung

Es gibt zur Zeit keine anerkannten Unterarten von *Chamaeleo calyptratus*, aber vieles deutet darauf hin, dass zumindest zwei Varietäten vorkommen. Eine erreicht eine Körperlänge von circa 40 cm, die andere wird bis zu 60 cm lang. Leider finden sich in der Terraristik meist nur Mischformen. So erreichen die Weibchen von *Chamaeleo calyptratus* in der Terrarienhaltung Längen zwischen 35 und 40 cm, die Männchen werden etwa 50 bis 55 cm lang. Auffälligstes Merkmal der Männchen ist ihr bis zu acht Zentimeter hoher Helm, der bei den Weibchen nur angedeutet ist. Die Grundfarbe erwachsener Männchen ist dunkelgrün, das von gelben Binden und braunen Flecken durchbrochen wird. Die Weibchen zeigen sich hellgrün mit weißen Querstreifen und braunen Flecken. Ihre auffällige Graviditätsfärbung zeigt eine tiefschwarze Färbung mit auffälligen türkisen Punkten und gelben Flecken. Schon die Jungtiere lassen sich sehr gut nach ihrem Geschlecht unterscheiden, da die Männchen einen auffälligen Sporn an den Hinterfüßen tragen.

Im Terrarium erreichen die Männchen ein Alter von etwa fünf bis sechs Jahren, wenn man sie sparsam ernährt! Die Weibchen lassen sehr viel Substanz, wenn sie bei einer Überversorgung astronomisch große Gelege produzieren und zu schnell heranwachsen. Das Alter eines Weibchens lässt sich besser in Gelegen ausdrücken. So legt ein *Chamaeleo calyptratus*-Weibchen bei geringen Gelegegrößen etwa zehnmal ab, bevor es stirbt.

Herkunft

Das Jemen-Chamäleon findet man hauptsächlich im Westen und Süden der Arabischen Halbinsel. Hier besiedeln die Chamäleons recht unterschiedliche Lebensräume, die das Zentrale Hochland (bis 2800 Meter) ebenso einschließen wie die Berghänge und einige Regionen der Küstenebenen.

Artenteil

Dieses Jungtier des Jemen-Chamäleons ist etwa fünf bis sechs Monate alt. Die Färbung ist neutral, der Helm schon deutlich erkennbar.

Lebensraum

Die besiedelten Lebensräume weisen zum Teil sehr unterschiedliche Bedingungen auf. So herrscht an den Berghängen ein subtropisch feuchtes Klima, während es auf den Hochebenen zum Teil monatelang nicht regnet und die Temperaturen periodisch bis auf den Gefrierpunkt fallen können. Dementsprechend vielgestaltig stellt sich das bewohnte Biotop dar. Es reicht von üppig immergrünen Vegetationsinseln über einzeln stehende Bäume bis zu künstlich angelegten Plantagen und Feldern. In den eher trockenen Vorkommensgebieten werden natürlich die feuchtesten Areale wie Wadis und Oasen bevorzugt.

Terrarientyp

Für diese baumbewohnende Art muss das Terrarium, bei einer Grundfläche von mindestens 80 cm x 60 cm, mindestens 120 cm hoch sein. Da diese Art Eier legt und eine Substratschicht von wenigstens 25 bis 30 cm auf dem Boden benötigt, sollte das Terrarium eines Weibchens die gleiche Höhe haben, da ihnen durch die hohe Substratschicht ohnehin ein kleineres Volumen übrig bleibt. Die Grundfläche kann mit 60 cm x 60 cm etwas kleiner gewählt werden. Der Deckel und eine Seite des Terrariums sollten aus Gaze bestehen.

Die Einrichtung besteht aus einer dichten Bepflanzung und vielen Kletterästen unterschiedlicher Dicke. Bei Weibchen bedecken Sie den Boden mit einer etwa 25 bis 30 cm hohen Schicht aus einem Sand-Torf-Gemisch, das Sie ständig leicht feucht aber nicht nass halten.

Das Jemen-Chamäleon eignet sich hervorragend für die Haltung im Gewächshaus oder Wintergarten. Auch Freilandterrarien bieten sich hier förmlich an, denn aufgrund der breiten Temperaturtoleranz können die Tiere lange draußen gepflegt werden.

Haltungsbedingungen

Chamaeleo calyptratus sollten Sie nur einzeln halten, auch wenn gelegentlich von einer Vergesellschaftung berichtet wird. Außerhalb der Ruhephase mit niedrigeren Temperaturen halten Sie *Chamaeleo calyptratus* tagsüber bei etwa 28 °C, wobei ein Spot das Terrarium lokal auf bis zu 35 °C erwärmen sollte. Die Einschaltzeit variieren Sie nach der Jahreszeit. Eine Nachtabsenkung auf Zimmertemperatur ist wie bei allen Chamäleons unerlässlich. Für *Chamaeleo calyptratus* ist eine etwa zweimonatige Winterphase wichtig, die

Artenteil

Sie durch niedrigere Temperaturen von etwa 20 °C tagsüber und einer Nachtabsenkung auf 15 °C nachahmen. Der Spot ist dann nur noch eine Stunde am Vormittag eingeschaltet. In dieser Phase sind die Chamäleons inaktiver und fressen kaum. Da das Jemen-Chamäleon auch auf der nördlichen Hemisphäre zu Hause ist, fällt diese Phase praktischerweise in unsere Wintermonate.

Die Luftfeuchtigkeit sollte nach dem morgentlichen und abendlichen Sprühen auf über 80 % steigen und ansonsten bei etwa 60 % liegen.

Futter- und Wasserversorgung

Die Fütterung erfordert bei dieser sonst sehr robusten Art etwas Aufmerksamkeit. *Chamaeleo calyptratus* kommt aus periodisch sehr kargen Gebieten, in denen oftmals ein Nahrungsmangel herrscht. Die Tiere fressen, was Sie nur bekommen können. Im Terrarium muss das Futter entsprechend knapp gehalten werden, sonst kommt es zum einen zur Verfettung der Chamäleons, zum anderen bei den Weibchen zu einer explosionsartigen Überproduktion von Eiern. Überfütterte Jungtiere neigen zudem zu einem zu schnellen Wachstum.

Das Jemen-Chamäleon ist bei der Nahrung nicht wählerisch und frisst außer tierischer Nahrung – darunter Reptilien, Mäuse und kleine Vögel – auch Pflanzenteile und Früchte. In der Natur scheint dies eine zusätzliche Wasserquelle zu sein. Sie können mit verschiedenen Pflanzen und Früchten experimentieren, um herauszufinden, welche Ihre *Chamaeleo calyptratus* am besten annehmen. Das Fressen von pflanzlicher Nahrung kann auf eine Wasserunterversorgung hindeuten, gehört aber auch zum normalen Speiseplan dieser Art.

Dieser Art genügt das tägliche Besprühen zur Wasseraufnahme aus, sie lassen sich aber auch leicht an das Tränken per Pipette gewöhnen.

Paarung

Im Terrarium kann die Art ganzjährig mit Ausnahme der natürlichen Ruhephase verpaart werden. Die Weibchen legen alle acht bis zwölf Wochen Eier ab. Auch die Weibchen dieser Art sind in der Lage, den männlichen Samen längere Zeit zu speichern. Es ist aber besser, ihnen regelmäßig die Möglichkeit zur Paarung zu geben, denn die Weibchen produzieren auf jeden Fall alle zwei bis drei Monate Eier, die aber ohne eine erneute Paarung in der Regel zu einem größeren Teil unbefruchtet bleiben.

Die Paarung von *Chamaeleo calyptratus* kann sehr heftig verlaufen. Die Männchen gehen beim Umklammern der Weibchen nicht gerade zimperlich zur Sache.

Artenteil

Ein ausgewachsenes Jemen-Chamäleon mit seinem imposanten Helm. Foto: bede-Archiv

Zur Paarung setzen Sie das Weibchen in das Terrarium des Männchens. Bei *Chamaeleo calyptratus* kann es auch bei einer normal verlaufenden Paarung zu Rippenbrüchen und anderen Verletzungen der Weibchen kommen, denn ein Schlagen des Kopfes in die Leistengegend des Weibchens gehört zum männlichen Balzritual. Die nicht paarungsbereiten Weibchen gehen nicht gerade zärtlich zur Sache. Ansonsten erfolgt die Paarung nach dem für Chamäleons üblichen Schema. Die Kopulation dauert zwischen fünf und 30 Minuten und kann mehrfach stattfinden.

Eiablage und Eizeitigung

Die Tragzeit beträgt etwa vier Wochen. In der Natur legen die Weibchen etwa 25 Eier ab, es gibt auch Berichte über Gelegegrößen von zehn bis 16 Eiern. 25 bis 35 Eier ist die Größenordnung, die im Terrarium angestrebt werden sollte. Es wurde schon von Gelegegrößen von über 70 Eiern berichtet! Die Ursache ist weder eine großartige Haltung, noch ein besonders fruchtbares Weibchen, sonden eine nicht artgerechte Überversorgung mit Futter. Sollte bei Ihnen einmal ein Gelege mehr als 35 Eier enthalten, so sollten Sie die Fütterungen reduzieren, um Ihre *Chamaeleo calyptratus*-Weibchen nicht zu Legemaschinen zu machen, die den unvermeidlichen körperlichen Abbau mit einem kurzen Leben bezahlen. Die Eier werden in selbstgegrabenen Gängen abgelegt. Sie können in manchen Veröffentlichungen lesen, dass die Weibchen zur Eiablage in einen separaten Behälter überführt werden sollen. Obwohl die Vorteile dieser Vorgehensweise sicher in einem sterilen Legesubstrat und einem leichten Finden der Eier zu sehen sind, würden wir dem Anfänger dieses Verfahren nicht empfehlen. Sie setzen das Weibchen meist nur einem unnötigen Stress aus, wenn Sie es häufiger umsetzen müssen. Es ist für den Anfänger recht schwierig den genauen Legetermin zu bestimmen. Sie können auf der Grundfläche des Terrariums sehr gute und leicht unterschiedliche Substrat-Konditionen schaffen, so dass die Tiere eine geeignete Stelle zur Ablage finden, der sie meist auch bei künftigen Gelegen treu bleiben. Überführen Sie die Eier nach der Ablage in ein Zimmergewächshaus, das als Substrat feuchtes Vermiculite enthält. *Chamaeleo calyptratus* gilt als einfach zu vermehren, da die Jungtiere in großer Zahl schlüpfen. Dabei scheinen leichte Haltungsfehler während der Zeitigung fast unbeschadet hingenommen zu werden. Natürlich können Sie auch hier fatale Fehler begehen (beispielsweise Staunässe im Substrat). Als sehr gut hat sich folgendes Zeitigungsschema erwiesen: Während der Zeitigung von *Chamaeleo calyptratus* -Eiern steigert eine Nachtabsenkung die Vitalität der Jungtiere. Tagsüber sollte die Temperatur bei 28 °C liegen, während der Nacht um 24 °C. Die Chamäleons schlüpfen unter diesen Bedingungen nach fünf bis acht Monaten. Das Substrat solte immer leicht feucht sein. Es gilt auch hier: Lieber etwas zu trocken als zu feucht. Ein direktes Besprühen der Eier sollte vermieden werden, scheint die Eier aber nicht so zu schädigen wie bei anderen Arten.

Aufzucht der Jungtiere

Die frisch geschlüpften Chamäleons können während der ersten zwei Monate zusammen aufgezogen werden, sind aber unbedingt regelmäßig nach Größe zu sortieren. Die jungen Weibchen sind teilweise schon nach vier Monaten empfängnisbereit, müssen also spätestens nach drei Monaten von den Männchen separiert werden, denn eine so frühe Paarung würde die Organismen der jungen Tiere nachhaltig strapazieren. In den ersten zwei bis drei Monaten empfiehlt sich eine niedrigere Tagestemperatur von etwa 25 °C mit einer leichten Nachtabsenkung, damit wird das Wachstum natürlich verlangsamt. Tagsüber können Sie für ein bis zwei Stunden am Vormittag einen Spot zuschalten, der das Terrarium lokal auf maximal 28 °C erwärmt. Anschließend halten Sie die Jungtiere unter den gleichen Bedingungen wie die erwachsenen Chamäleons.

Die Aufzucht der Jungchamäleons ist zwar nicht weiter problematisch, da kleine Futtertiere, vor allem Mikrogrillen und *Drosophila*, von Anfang an gefressen werden,

Das Weibchen von *Chamaeleo calyptratus* (unten) nimmt nach der Paarung seine typische Graviditätsfärbung an.

dennoch müssen Sie schon bei den Jungchamäleons das Futter knapp halten. Die Futtertiere müssen auf jeden Fall immer eingestäubt werden, da die Jungchamäleons auch bei knappem Futter schnell wachsen und zu Wachstumsstörungen neigen, wenn das Futter zu wenige Vitamine und Mineralien enthält. Qualität geht auf jeden Fall vor Quantität!

Wir empfehlen Ihnen auch bei dieser Art eine Paarung frühstens nach einem Jahr, da die Weibchen erst jetzt körperlich voll entwickelt sind. Jede Eiablage – vor allem jede sehr frühe – verkürzt das Leben der Chamäleons. Auch bei *Chamaeleo calyptratus* kann es passieren, dass das Weibchen vor der ersten Paarung ein unbefruchtetes Gelege absetzt.

Artenteil

Furcifer lateralis (früher: *Chamaeleo lateralis*) Gray, 1851
Teppich-Chamäleon

Die Gattung *Furcifer* bietet mit dem Teppich-Chamäleon neben dem Panther-Chamäleon eine weit verbreitete und für den Anfänger eingeschränkt empfehlenswerte Art. Bei der Pflege dieses Chamäleons müssen Sie wissen, dass die Tiere in der Natur nur zwölf bis achtzehn Monate alt werden, im Terrarium erreichen sie bei guter Pflege ein Alter von ungefähr drei Jahren. Diese kurze Lebensspanne ist für das Teppich-Chamäleon normal, kann für den Anfänger aber frustrierend sein. Als Einschränkung kommt noch hinzu, dass *Furcifer lateralis* nicht sehr robust gegenüber Krankheiten ist. Leider gilt, dass ein ernsthaft erkranktes Teppich-Chamäleon oft ein totes Chamäleon ist. Teilweise ist dies auf die geringe Körpergröße und die damit eingeschränkten Behandlungsmöglichkeiten zurückzuführen.

Beschreibung

Furcifer lateralis kann sehr bunt erscheinen und Sie werden häufig prächtig gefärbte Tiere auf Abbildungen sehen. Meist sind dies allerdings balzende, gravide oder gestresste Weibchen. Sie zeigen bei Erregung eine sehr auffällige Färbung, die der Art zu ihrem deutschen Trivialnamen verholfen hat, da die kleine, farbenprächtige Musterung einem Teppich ähnelt. In der Grundfärbung sind die Tiere schlicht grün! Beide Geschlechter zeigen einen deutlich erkennbaren Lateralstreifen (daher der wissenschaftliche Name), der sich farblich absetzt, und einen kleinen, dachförmigen Helm. Es ist noch nicht geklärt, ob die Art in zwei Unterarten aufgeteilt werden muss, denn es sind zwei Varianten bekannt, die sich hauptsächlich in der Größe unterscheiden. Dabei wird die kleinere Varietät, *Furcifer l. „minor"*, etwa 16 bis 18 cm lang, während die größere Varietät, *Furcifer l. „major"*, eine Gesamtlänge zwischen 25 und 28 cm erreichen kann. Die Haltungsbedingungen sind aufgrund des großen Verbreitungsgebietes leicht abweichend. Sie müssen sich beim Erwerb der Chamäleons unbedingt erkundigen, woher sie stammen und welche Haltungsbedingungen empfohlen werden. Die folgenden Angaben zur Haltung beziehen sich auf die Mehrzahl der in Deutschland gezüchteten *Furcifer lateralis „minor"*, müssen aber vom Verkäufer bestätigt werden!

Artenteil

Viele Abbildungen zeigen die Weibchen von *Furcifer lateralis* meist nur in ihren Graviditäts- oder Stressgewändern. Neutral gefärbt sind die Weibchen fast unscheinbar grün!

Herkunft
Furcifer lateralis findet man auf Madagaskar fast überall. Ursprünglich wurden die Hochebenen zwischen 600 und 1200 Metern bevorzugt, es wurden aber auch schon Tiere bis 2000 Meter Höhe gefunden. Die Varietät *Furcifer l. „major"* findet man hauptsächlich im heißeren und trockeneren Südosten. Die kleinere Varietät *Furcifer l. „minor"* bewohnt das übrige Verbreitungsgebiet. Sie wird heute als die Ursprungsvarietät angesehen.

Lebensraum
Furcifer lateralis liebt die Sonne. Geschlossene Wälder werden gemieden, sonst wird im Prinzip kein besonderes Biotop bevorzugt. Die Tiere sind Kulturfolger, die man sogar in Parks und den Hecken künstlich angelegter Gärten findet, wenn nur genügend Sonne vorhanden ist.

Terrarientyp
Selbst die größere Variante ist mit 28 cm Körperlänge wesentlich kleiner als *Furcifer pardalis* oder *Chamaeleo calyptratus* und kann in kleineren Terrarien gepflegt werden. Wie bei allen baumbewohnenden Chamäleons muss das Terrarium höher als breit und tief sein. Wir raten Ihnen unbedingt zur Einzelpflege. Dann genügt ein Terrarium von 40 cm x 40 cm Grundfläche, mit einer Höhe von 70 cm. Tiere über 20 cm Körperlänge sollten in einem Terrarium

Artenteil

Auch bei der Fütterung können Teppich-Chamäleons ihre kontrastreiche Erregungsfärbung annehmen. Gut erkennbar sind die typischen Kreise und der Lateralstreifen, der dieser Art ihren wissenschaftlichen Namen gab.

von mindestens 50 cm x 50 cm Grundfläche und 80 cm Höhe gehalten werden. Der Deckel und eine Seite des Terrariums müssen aus Gaze bestehen! Als ursprüngliche Hochlandart sind sie wesentlich stickluftempfindlicher beziehungsweise frischluftliebender als die zwei zuvor beschriebenen Arten.

Die Einrichtung besteht aus einer dichten Bepflanzung und vielen Kletterästen unterschiedlicher Stärke. Auch wenn *Furcifer lateralis*-Weibchen bisher selten beim Graben von Gängen zur Eiablage beobachtet wurden, sondern die Eier einfach von dem Ast, auf dem sie gerade sitzen fallen lassen, müssen Sie eine mindesten 15 cm hohe Substratschicht aus einem feuchten Sand-Torf-Gemisch anbieten. Dies führt zu einer konstanteren Luftfeuchtigkeit, der Aufprall der Eier wird abgefedert und vielleicht gehört Ihr *Furcifer lateralis*-Weibchen ja zu denen, die ausnahmsweise einmal graben!

Haltungsbedingungen

Furcifer lateralis dürfen Sie nur einzeln halten. Diese Art ist sehr sonnenliebend, braucht aber nicht so viel Wärme wie *Furcifer pardalis*. Umgebungstemperaturen von 22 bis 26 °C tagsüber und einer Nachtabsenkung auf Zimmertemperatur genügen dem Teppich-Chamäleon. Ein Spot sollte über einige Stunden am Tag eine Stelle des Terrariums auf etwa 30 °C aufwärmen. Höhere Umgebungstemperaturen sind unbedingt zu vermeiden!

Eine zweimonatige Winterruhe, in der Sie die Chamäleons bei etwas tieferen Temperaturen von tagsüber 18 °C bis 22 °C halten, und die Nachtabsenkung auf 15 °C hinunter geht, ist für sie vorteilhaft.

Artenteil

Die Luftfeuchtigkeit sollte tagsüber zwischen 60 und 80 %, nach dem Sprühen bei annähernd 100 % liegen. Auch bei dieser Art sollten Sie die Terrarieneinrichtung über den Tag einmal durchtrocknen lassen.

Futter- und Wasserversorgung

Furcifer lateralis ist bei der Futterwahl etwas wählerischer, nimmt aber viele der beschriebenen Futtertiere an. Achten Sie darauf, dass Sie die Chamäleons sehr abwechslungsreich füttern, dann umgehen Sie auch die Gefahr der Gewöhnung an nur eine Futtertierart.

Ein zusätzliches Tränken ist auch bei dieser Art nicht erforderlich, wenn Sie die Luftfeuchtigkeit hoch halten und morgens und abends sprühen. Die Gewöhnung an eine Pipette und das zusätzliche Tränken kann aber auch bei dieser Art nur empfohlen werden, denn so können Sie Ihren Teppich-Chamäleons die im Krankheitsfall erforderlichen Medikamente problemlos verabreichen.

Paarung

Diese Art kann im Terrarium ganzjährig – mit Ausnahme der natürlichen Ruhephase – verpaart werden. Die Weibchen legen alle acht bis zwölf Wochen Eier ab. Wie bei den anderen Arten können die Weibchen dieser Art den männlichen Samen längere Zeit speichern. Dennoch sollten Sie den Chamäleons regelmäßig die Möglichkeit zur Paarung geben. Die Weibchen produzieren alle zwei bis drei Monate Eier, die ohne eine erneute Paarung meist zu einem größeren Teil unbefruchtet bleiben.

Zur Paarung setzen Sie auch hier das Weibchen in das Terrarium des Männchens. Die Paarung erfolgt wie im allgemeinen Teil beschrieben. Die Kopulation dauert bei dieser Art insgesamt etwa fünf bis dreißig Minuten. Sie sollten während der gesamten Paarung anwesend sein, obwohl diese Chamäleons nicht so rabiat miteinander umgehen wie beispielsweise *Chamaeleo calyptratus*. In der Natur leben *Furcifer lateralis*-Weibchen nur etwa zwölf bis achtzehn Monate und legen dementsprechend etwa fünf- bis sechsmal Eier ab. Im Terrarium werden die Tiere fast doppelt so alt und können bis zu zehn Gelege produzieren.

Eiablage und Eizeitigung

Die Tragzeit beträgt etwa drei bis sechs Wochen, was von der Futterversorgung und der Temperatur im Terrarium abhängig ist. Bei den Weibchen dieser Art kann man kaum von Eiablage sprechen, da sie im Terrarium bisher beinahe noch nie dabei beobachtet wurden, dass sie Gänge bauen und ihre Eier dort hinein legen, so wie sie es in der Natur machen. *Furcifer lateralis*-Weibchen lassen ihre Eier wie beschrieben einfach auf den Boden fallen! Es wurden viele Vermutungen geäußert, warum sie dies im Terrarium tun. Verschiedene Experimente, bei denen die Feuchtigkeit und Temperatur des Substrats wechselseitig erhöht oder gesenkt wurden, brachten keine Ergebnisse. Einmal wurde die Eiablage in Gänge beobachtet, hierbei handelte es sich um einen recht festen, lehmhaltigen Bodengrund in einer Gartenanlage.

Die Gelegegrößen schwanken zwischen knapp zehn und zwanzig Eiern. Zwei Wochen nach der Ablage sind die Weibchen wieder paarungsbereit.

Artenteil

Ein junges, adultes Männchen von *Furcifer lateralis*. Die typische Schwanzverdickung ist schon gut erkennbar.

Überführen Sie die Eier nach der Ablage in eine Zeitigungsschale, die als Substrat feuchtes Vermiculite enthält. Da die Eier ungeschützt auf dem Boden liegen, sind sie gut zu erkennen, fallen aber auch leicht übriggebliebenen Futtertieren zum Opfer und trocknen schnell aus!

Die Zeitigung der Eier ist etwas kompliziert, da Sie unbedingt eine kühlere Phase einhalten müssen. Das anschließende Ansteigen der Temperatur löst die weitere Entwicklung der Embryonen aus. Als günstig hat sich folgender Ablauf herausgestellt: Zeitigen Sie die Eier etwa 40 Tage bei 25 °C, dann weitere 40 Tage bei nur 15 °C und schließlich bei 25 bis 27 °C bis die Jungtiere schlüpfen. Die Temperaturänderungen erfolgen immer gradweise über mehrere Tage. Die Jungtiere schlüpfen etwa fünf Monate nach dem Steigern der Temperatur.

Aufzucht der Jungtiere

Ziehen Sie die frisch geschlüpften Chamäleons möglichst einzeln auf. In den ersten zwei bis drei Monaten empfiehlt sich eine Temperatur von etwa 23 °C mit einer leichten Nachtabsenkung. Ein wattschwacher Spot (etwa ein 10 W-Niedervolt-Halogenstrahler) kann stundenweise angeboten werden. Anschließend halten Sie die Jungtiere unter den gleichen Bedingungen wie die erwachsenen Chamäleons, wobei die Luftfeuchtigkeit relativ hoch sein muss. Die Aufzucht der Jungchamäleons ist nicht weiter problematisch, da kleine Futtertiere, vor allem Mikrogrillen und *Drosophila*, von Anfang an gefressen werden.

Nach etwa drei bis fünf Monaten können die Chamäleons geschlechtsreif sein, was aber nicht bedeutet, dass Sie sie auch gleich paaren dürfen. Wir empfehlen Ihnen aus zwei Gründen eine Paarung frühestens nach acht bis neun Monaten: Zum einen ist das Weibchen nach drei bis fünf Monaten körperlich noch nicht voll entwickelt, zum anderen verlängert gerade bei dieser Art eine späte erste Paarung das Leben der Weibchen erheblich.

Auch bei *Furcifer lateralis* kann es passieren, dass das Weibchen ein unbefruchtetes Gelege absetzt, wenn Sie lange mit der ersten Paarung warten. Dies ist das eindeutige Zeichen, dass das Chamäleon jetzt körperlich ausgereift ist.

Die Montan-Arten

Wir möchten Ihnen an dieser Stelle zwei schwierigere Arten vorstellen, um die höheren Ansprüche an Haltung und Versorgung zu verdeutlichen. Wir haben sie, obwohl wir sie ausdrücklich nicht für Arten halten, mit denen man seine „Chamäleon-Laufbahn" beginnen sollte, aus folgenden Gründen in das Buch aufgenommen: Diese Arten tauchen beispielsweise sehr oft in der Literatur auf und werden dort gelegentlich auch als Anfängerarten aufgeführt. Es gibt häufiger Nachzuchten dieser Arten, die auf Börsen, im Handel oder über Anzeigen angeboten werden. Und schließlich wollten wir zwei Vertreter vorstellen, die den Typ des ostafrikanischen und des westafrikanischen Montan-Chamäleons repräsentieren.
An dieser Stelle könnten deshalb auch andere Chamäleonarten beschrieben werden. Sicher ist, dass es einige Arten gibt, die für den Anfänger zwar empfehlenswerter wären, das hier vorgestellte Artenspektrum aber nicht in dem Maß erweitert hätten, wie es bei *Chamaeleo (Trioceros) montium* als westafrikanische und *Chamaeleo (Trioceros) jacksonii xantholophus* als ostafrikanische Art der Fall ist. Wir halten *Chamaeleo (Trioceros) montium* für die einfacher zu pflegende Art, weswegen wir sie auch zuerst vorstellen.

Chamaeleo (Trioceros) montium
(früher: *Chamaeleo montium*)
Buchholz, 1874
Berg-Chamäleon

Unsere persönlichen Erfahrungen mit dem Berg-Chamäleon sind sehr gut. Wer sich an eine Chamäleonart für Fortgeschrittene wagen möchte, der ist unserer Meinung nach mit *Chamaeleo (Trioceros) montium* gut beraten. Der Anfänger sollte jedoch nicht mit diesem Chamäleon einsteigen!

Beschreibung
Lesen Sie in älteren Veröffentlichungen oder Werken, welche die neue Einteilung nach KLAVER & BÖHME nicht anerkennen, so werden Sie *Chamaeleo (Trioceros) montium* eventuell noch in drei Unterarten aufgeteilt finden. Derzeit wird keine dieser Unterarten akzeptiert. Aber es gibt regionale Unterschiede in Färbung und Größe, so dass zumindest von verschiedenen Varietäten gesprochen werden kann.
Männchen können eine Gesamtlänge von über 30 cm erreichen, die Weibchen bleiben mit etwa 25 cm etwas kleiner. Auffälliges Merkmal dieser Art sind bei den männlichen Chamäleons die beiden echten Hörner über dem Maul. Der Kopf zeigt einen flachen Helm. Die Männchen zeigen ferner ein ausgeprägtes, gewelltes Rückensegel, das bei den Weibchen nur angedeutet ist. Das Segel nimmt zur Schwanzwurzel langsam ab, um sich dann nochmals kurz zu erheben.
Beide Geschlechter zeigen eine grüne Grundfärbung, die ins Bräunliche wechseln kann. Türkise, gelbe oder grüne Plattenschuppen lockern die Flächen leicht auf. Von der Bauchmitte des Männchens zieht sich ein V-förmiges Band diagonal bis hinter den Nacken. Neben der grünen Grundfärbung findet man auch fast gänzlich türkisfarbene Exemplare.

Artenteil

Dieses jungadulte Männchen von *Chamaeleo (Trioceros) montium* droht an seiner Reviergrenze. Gut erkennbar ist ebenfalls das typische Rückensegel, das nach der Schwanzwurzel noch einmal größer wird.

Im Gegensatz zu *Chamaeleo (Trioceros) jacksonii*, das in der Literatur häufig als Anfängerart eingestuft wird, ist das Berg-Chamäleon häufig in der Liste der Fortgeschrittenen-Pfleglinge zu finden. Wir würden diese Einteilung, wie bereits gesagt, eher umkehren, denn *Chamaeleo (Trioceros) montium* bietet ein paar Vorteile in seinen Haltungsansprüchen:
Chamaeleo (Trioceros) montium ist nicht so sonnenliebend wie *Chamaeleo (Trioceros) jacksonii*, dadurch haben Sie nicht das Problem, für viel Strahlung bei niedrigen Temperaturen sorgen zu müssen. Die Art kommt nahezu ohne Spot aus. Die Nachtabsenkung muss nicht so tief wie bei *Chamaeleo (Trioceros) jacksonii* liegen. Etwas schwieriger ist die höhere Luftfeuchtigkeit, welche diese Chamäleons benötigen, zu realisieren.

Herkunft
Chamaeleo (Trioceros) montium findet man in den Bergen Kameruns in Höhen von bis zu 1 200 Metern. Verbreitungsschwerpunkte scheinen um den Mount Cameroon, die Maneguba Mountains und den Mount Kupe zu liegen.

Lebensraum
Die Berg-Chamäleons bewohnen ausschließlich nebelige, feuchte und gleichzeitig kühlere Gebiete. Sie leben im Unterwuchs in 1,5 bis vier Meter Höhe und sind nicht so stickluftempfindlich wie *Chamaeleo (Trioceros) jacksonii xantholophus*. Für die Haltung bedeutet dies dennoch ein schwieriges Gleichgewicht zwischen hoher Luftfeuchtigkeit, einer guten Durchlüftung und der Vermeidung von Zugluft zu finden.

Artenteil

Terrarientyp
Für die Einzelhaltung dieser Art muss das Terrarium bei einer Grundfläche von mindestens 60 cm x 60 cm mindestens 100 cm hoch sein. Sie können diese sehr friedliche Art aber meist auch problemlos vergesellschaften! Das Terrarium muss dann für einen Besatz mit zwei Weibchen und einem Männchen eine Grundfläche von mindestens 100 cm x 70 cm bei einer Höhe von 120 cm haben. Der Deckel und eine weitere Seiten des Terrariums sollten aus Gaze bestehen. Wählen Sie den Standort des Terrariums so, dass die Chamäleons auf keinen Fall Zugluft bekommen!

Die Weibchen dieser Art legen im Gegensatz zu *Chamaeleo (Trioceros) jacksonii* Eier, die in selbstgegrabenen Vertiefungen abgelegt werden. Der Boden muss mit einer etwa 20 cm hohen Sand-Torf-Mischung bedeckt werden. Das Substrat muss immer feucht, darf aber nie nass gehalten werden. Da die Luftfeuchtigkeit konstant zwischen 80 und 90 % liegen muss, verdunstet die Substratfeuchtigkeit nicht sehr schnell, und Sie müssen der Bildung von Staunässe vorbeugen. Sollten Sie sich für eine Beregnungsanlage entscheiden, so muss sich im Boden des Terrariums ein Abfluss befinden, durch den das überschüssige Wasser ablaufen kann! Eine höhere Drainageschicht ist zwingend notwendig!

Die Einrichtung besteht aus einer sehr dichten Bepflanzung und vielen Kletterästen unterschiedlicher Stärke. Die Bepflanzung sollte dichter als bei den anderen Arten sein und fast das gesamte Volumen des Terrariums ausfüllen.

Haltungsbedingungen
Chamaeleo (Trioceros) montium ist wirklich einmal eine verträgliche Chamäleonart, die meist in einem großen Terrarium (siehe „Terrarientyp") in einer kleinen Gruppe vergesellschaftet werden kann. Aber auch hier gilt, dass Sie die Tiere im Auge behalten müssen. Selbst bei dieser friedlichen Art kann eine zeitweise Trennung der Tiere erforderlich sein; etwa wenn die Paarungsversuche des Männchen trotz Gravidität der Weibchen zu aufdringlich werden. Manchmal kann eine zeitweilige Trennung auch die Paarungswilligkeit der Männchen auslösen.

Halten Sie die Art tagsüber bei 22 bis 26 °C, Achten Sie auf jeden Fall genau auf die Wärmeentwicklung im Terrarium, da diese Art keine wesentlich höheren Temperaturen verträgt!

Die Nachtabsenkung muss nicht so tief wie bei *Chamaeleo (Trioceros) jacksonii* liegen. Es genügen Werte unter 20 °C, wobei 20 °C nachts den Höchstwert darstellt. In

Dieses Männchen des Bergchamäleons ist etwa 15 Monate alt. Das Wachstum dieser Art ist wie bei allen Montanarten aus kühleren Regionen recht langsam.

Artenteil

Die Weibchen des Bergchamäleons unterscheiden sich stark von den Männchen. Ihnen fehlen die Hörner und das Rückensegel. Dieses jungadulte Weibchen ist etwa zehn Monate alt.

vielen Fällen entsprechen die Nachttemperaturansprüche dieser Art in etwa unseren Zimmertemperaturen, was sie zu einem wesentlich einfacheren Pflegling als *Chamaeleo (Trioceros) jacksonii* macht.

Etwas komplizierter sind die Ansprüche an eine hohe Luftfeuchtigkeit zu realisieren. Ein Haltungsproblem wurde schon angesprochen: Die Luftfeuchtigkeit sollte ständig zwischen 100 % nach dem Sprühen und etwa 70 % über den Tag liegen. Eine Berieselungs- oder Nebelanlage kann hier hilfreich sein, jedoch können Sie die Luftfeuchtigkeit auch mit regelmäßigem Besprühen hoch halten.

Futter- und Wasserversorgung

Die Fütterung kann wie bei manch anderer Art heikel sein. *Chamaeleo (Trioceros) montium* frisst zwar alle gängigen Futtertiere, die Sie unbedingt immer mit Ihrem Vitamin-Mineralstoff-Präparat einstäuben müssen, dennoch verweigern manche Chamäleons – unserer Erfahrung nach eher die Männchen – zeitweise bestimmte Futtertiere oder fressen auf einmal nur noch ein bestimmtes Futter. Eine Wachsmade kann die Nahrungsverweigerung oft beenden, sollte jedoch dann nicht als das neue Standardfutter, sondern wirklich nur einmal im Monat verfüttert werden. Die Chamäleons akzeptieren im Anschluss meist auch wieder andere Futtertiere.

Da die Luftfeuchtigkeit sowieso sehr hoch sein muss, bietet sich für diese Art eine Tropftränke oder besser noch eine Sprühanlage an. Ansonsten sollte mindestens morgens und abends von Hand gesprüht werden. Die Gewöhnung an das Tränken per Pipette ist dennoch aus den inzwischen bekannten Gründen sinnvoll (s. S. 41).

Paarung

Im Terrarium kann die Art ganzjährig verpaart werden. Wenn Sie die verträglichen Chamäleons nicht sowieso zumindest paarweise halten, setzen Sie zur Paarung das Weibchen in das Terrarium des Männchens. Die Paarung erfolgt nach Chamäleonmaßstäben relativ friedlich: Das Männchen signalisiert seine Paarungsbereitschaft durch Nicken und Zeigen seiner schönsten Farben. Ist das Weibchen nicht paarungsbereit nimmt es eine dunklere Färbung an. Ist es mit der Paarung einverstanden, bleibt es passiv oder entfernt sich langsam, so dass das Männchen folgen kann. Hat das Männchen das Weibchen eingeholt versucht es seine Kloake unter die des Weibchens zu bringen. Die Art ist bei der Paarung meist sehr friedlich, aber es kann auch hier zu Zwischenfällen kommen, so dass Sie die gesamte Zeit über anwesend sein sollten. Beobachten Sie die Tiere noch einige Zeit nach der Paarung. Bei friedlichem Verlauf können Sie die Partner auch einige Tage zusammen lassen. Es kommt dann meist zu weiteren Paarungen. Trennen Sie die Chamäleons dann, wenn das Weibchen oder das Männchen gestresst wirken. Die Weibchen setzen etwa drei bis sechs Gelege im Jahr ab.

Eiablage

Die Tragzeit von *Chamaeleo (Trioceros) montium* kann bis zu acht Wochen und somit verhältnismäßig lang dauern. Die Weibchen legen acht bis fünfzehn Eier ab. Sie können auf der Grundfläche des Terrariums leicht unterschiedliche Substrat-Konditionen schaffen, so dass die Tiere eine geeignete Stelle zur Ablage finden, der sie meist auch bei künftigen Gelegen treu bleiben.

Besonders in einem Gesellschaftsbecken müssen Sie darauf achten, dass der Bodengrund durch einen dichten Bewuchs geschützt ist. Die Weibchen wollen bei der Eiablage ungestört sein. Je dichter der Bodengrund bewachsen ist, desto unbeobachteter fühlt es sich durch die anderen Berg-Chamäleons. Da der Bodenbewuchs naturgemäß über die Zeit nach unten ausdünnt und zum Licht wächst, müssen die Pflanzen regelmäßig beschnitten oder nachgepflanzt werden. Überführen Sie die Eier nach der Ablage in eine Zeitigungsschale, die als Substrat feuchtes Vermiculite enthält. Für eine erfolgreiche Eizeitigung und eine hohe Vitalität der Jungchamäleons haben sich folgende Parameter als ideal erwiesen: Da bei der Zeitigung von *Chamaeleo (Trioceros) montium*-Eiern die Nachtabsenkung die Vitalität der Jungtiere steigert, sollte die Temperatur tagsüber bei 16 bis 22 °C liegen und während der Nacht unter 20 °C (Zimmertemperatur). Temperaturen über 24 °C überleben die Embryonen nur wenige Tage. Die Chamäleons schlüpfen unter diesen Bedingungen nach fünf bis sechs Monaten.

Aufzucht der Jungtiere

Die Jungchamäleons sind verträglich und können in Gruppen aufgezogen werden, die Sie nach Größe sortieren, wobei Sie dominante Männchen einzeln aufziehen.

In den ersten zwei bis drei Monaten empfiehlt sich bei dieser Art eine niedrige Tagestemperatur von etwa 22 bis 23 °C mit einer Nachtabsenkung auf unter 20 °C (Zimmertemperatur). Nach drei Monaten halten Sie die Jungtiere unter den gleichen Bedingungen wie die erwachsenen Chamäleons.

Die Aufzucht der Jungchamäleons ist recht unproblematisch. Sie fressen kleine Futtertiere von Anfang an, vor allem Mikrogrillen und *Drosophila*. Die Futtertiere müssen auf jeden Fall immer eingestäubt werden, denn obwohl die Jungchamäleons nur sehr langsam heranwachsen, sind auch sie für Wachstumsstörungen und Mangelerkrankungen anfällig.

Wir empfehlen Ihnen bei dieser Art eine Paarung frühstens nach einem Jahr. Die Jungtiere sollten also rechtzeitig getrennt und erst zur Paarung wieder zusammengesetzt werden. Berg-Chamäleons werden meist erst nach acht bis neun Monaten geschlechtsreif. Sie erreichen im Terrarium bei guter Pflege und ausreichend tiefen Temperaturen oft ein Alter bis zu sechs Jahren.

Artenteil

Chamaeleo (Trioceros) jacksonii
(früher: *Chamaeleo jacksonii*)
Boulenger, 1896
Dreihorn- oder Jacksons-Chamäleon

Wenn wir versprochen haben, nur Anfängerarten vorzustellen, verlassen wir spätestens mit dieser Art dieses „Anfängerterrain". Allerdings aus gutem Grund. *Chamaeleo (Trioceros) jacksonii* wurde vor allem in den siebziger Jahren in Massen importiert. Erste Vermehrungserfolge des im Überfluss vorhandenen „Materials" konnten nicht ausbleiben. Sehr schnell umgab diese Art der Ruf, gut haltbar zu sein. Bis in die achtziger Jahre war es auch kaum ein Problem, ein Dreihorn-Chamäleon zu erwerben. Somit finden Sie sie fast in jedem Buch über Chamäleons. Mit der gleichen Regelmäßigkeit wird es auch als Anfängerart klassifiziert. Dass diese Art doch nicht so unproblematisch ist, wie oft beschrieben wird, zeigte sich erst in der zweiten oder dritten Nachzuchtgeneration, als dieses Chamäleon im Terrarium langsam ausstarb. Nur wenige Züchter schafften es, diese Art auch über die F2-Generation hinaus zu vermehren. Sollten Sie mit diesem Chamäleon liebäugeln, dann seien Sie sich der komplizierten Haltung bewusst. Wenn Sie sich nach den im Folgenden beschriebenen Haltungsbedingungen richten, werden Sie auch diese Art gut halten können. Nur der konstante Nachzuchterfolg kann komplizierter werden.

Beschreibung

Chamaeleo (Trioceros) jacksonii ist in insgesamt drei Unterarten bekannt, von denen wir nur *Chamaeleo (Trioceros) jacksonii xantholophus* als verhältnismäßig robuste Art empfehlen können. Es handelt sich um die größte Unterart, die recht viele Nachkommen produziert und häufiger erhältlich ist. Die Vertreter dieser Unterart erreichen eine Länge von 30 cm (bei den Weibchen) bis 35 cm (bei den Männchen). Auffälligstes Merkmal sind die drei Hörner der männlichen Chamäleons. Zwei der Hörner befinden sich zwischen den Augen auf Augenhöhe. Das dritte Horn sitzt auf der Schnauze und zeigt wie die beiden Augenhörner nach vorne. Die weiblichen Chamäleons tragen keine Hörner. An den entsprechenden Stellen befinden sich vergrößerte Schuppen. Auf dem Rücken findet sich ein kleiner Kamm, der bei den Männchen stärker ausgebildet ist. Die Grundfärbung dieser Art ist ein sattes Gelbgrün bis Braun mit weißen und braunen Flecken. Die Weibchen zeigen nur eine angedeutete Graviditätsfärbung. Sie zu erkennen bedarf etwas Erfahrung mit diesen Chamäleons. Man kann bei trächtigen Weibchen feststellen, dass sich die Kontraste etwas verstärken und sie insgesamt gemusterter als sonst wirken.

Artenteil

Herkunft
Chamaeleo (Trioceros) jacksonii findet sich in den Bergen Kenias, Tansanias und Ugandas bis zu 2800 Metern Höhe. Die Unterart *Chamaeleo (Trioceros) jacksonii xantholophus* ist aber nur an den Hängen des Mount Kenia zu finden. Interessanterweise ist auch eine Population *Chamaeleo (Trioceros) jacksonii xantholophus* auf Hawaii bekannt, die sich auf einen Import zurückführen lässt, der einem Tierhändler entwischen konnte.

Lebensraum
Das Dreihorn-Chamäleon bewohnt ausschließlich nebelige, feuchte und gleichzeitig kühle Gebiete. Für die Haltung bedeutet dies, ein schwieriges Gleichgewicht zwischen hoher Luftfeuchtigkeit, einer sehr guten Durchlüftung und der Vermeidung von Zugluft zu finden. Außerdem muss eine zeitweise intensive Bestrahlung angeboten werden, ohne die Umgebungstemperatur allzusehr zu erhöhen (beispielsweise durch den Einsatz einer HQI-Lampe).

Terrarientyp
Für diese baumbewohnende Chamäleonart muss das Terrarium bei einer Grundfläche von mindestens 60 cm x 60 cm mindestens 120 cm hoch sein. Der Deckel und zwei weitere Seiten des Terrariums müssen aus Gaze bestehen! Dabei müssen Sie den Standort des Terrariums so wählen, dass die Luft zwar sehr gut zirkulieren kann, die Chamäleons aber auf keinen Fall Zugluft bekommen! Bewährt hat sich die Aufstellung mit einer Gazeseite so nahe an der Wand, dass die Luft zwar nach hinten abziehen kann, aber es im Terrarium nicht zu Zugluft kommt. Wenn Sie die Gazeflächen kleiner halten möchten, können Sie auch einen Ventilator stundenweise verkehrt über den Terrarium laufen lassen, so dass er die Luft förmlich heraussaugt. Aber auch hier ist Vorsicht geboten, dass kein zu starker Luftstrom entsteht.

Die Weibchen sind lebendgebährend. Die jungen Chamäleons werden meist im Geäst an Zweigen abgestreift, wo sie kleben bleiben, oder einfach fallen gelassen. Eine leicht feuchte, etwa 10 bis 20 cm hohe Substratschicht aus einem Sand-Torf-Gemisch kann den Fall abfangen.

Die Einrichtung besteht aus einer sehr dichten Bepflanzung und vielen Kletterästen unterschiedlicher Stärke. Die Bepflanzung sollte so dicht sein, dass sie das feuchte Mikroklima auch bei starker Belüftung hält und vor Austrocknung schützt.

Adulte Dreihorn-Chamäleons lassen sich mitunter auch sehr gut in einem Blumenfenster halten. Hier sollten Sie jedoch unbedingt einen Zimmerspringbrunnen aufstellen, um so die Luftfeuchtigkeit etwas anzuheben. Bei entsprechenden Temperaturen profitiert *Chamaeleo (Trioceros) j. xantholophus* wie viele Chamäleonarten sehr von einer Freilandhaltung.

> Die Unterart *Chamaeleo (Trioceros) jacksonii merumontanum* hat im Verhältnis zur Körpergröße die längsten Hörner.

Artenteil

Ein Weibchen von *Chamaeleo (Trioceros) jacksonii xantholophus* in seiner neutralen Färbung. Die Weibchen dieser Unterart tragen keine Hörner!

Haltungsbedingungen
Auch das oftmals als sehr verträglich beschriebene *Chamaeleo (Trioceros) j. xantholophus* sollten Sie nur einzeln halten. Die Chamäleons sind untereinander zwar fast nie aggressiv, aber wir haben beobachtet, dass die Männchen von den graviden Weibchen dominiert werden. Das hat schon zu Todesfällen geführt, da die Männchen in vielen Belangen – wie beispielsweise Nahrung und Sonnenplätzen – zurücksteckten, ohne typische Stresssymptome zu zeigen.

Diese Chamäleonart ist sonnenliebend, verträgt aber keine hohen Temperaturen. Installieren Sie Leuchtstoffröhren für die permante Beleuchtung. Sehr zu empfehlen ist die Anschaffung eines HQI-Spots. Wenn Ihnen diese Anschaffung zu teuer erscheint, können Sie auch auf preiswertere, unbedingt wattschwache Halogenstrahler zurückgreifen.

Halten Sie sie tagsüber bei etwa 24 °C, wobei ein Spot das Terrarium lokal auf maximal 30 °C erwärmen darf. Den Spot lassen Sie nur einige Stunden angeschaltet.

Die eigentlichen Haltungsprobleme beginnen für die meisten bei der Nachtabsenkung. Diese muss zwingend auf unter 18 °C erfolgen! Für eine erfolgreiche Vermehrung und optimale Lebenserwartung der Chamäleons ist sogar eine Absenkung auf nahe 15 °C unerlässlich! Unterschätzen Sie diese Ansprüche nicht, die in unseren Breiten nur in klimatisierten Räumen oder günstigstenfalls in einem geeigneten Keller zu realisieren sind.

Ein weiteres Haltungsproblem wurde schon kurz angesprochen: Die Luftfeuchtigkeit sollte nach dem Sprühen bei 100 % liegen. Den Tag über dürfen 60 % nicht unterschritten werden. Das ist zwar nicht mehr als die übrigen Arten verlangen, aber das Terrarium muss gleichzeitig drei Flächen – Deckel und zwei Seiten – aus Gaze haben und gut belüftet werden. Die Luftfeuchtigkeit verfliegt dann schnell. Sie lösen das Problem durch häufigeres Sprühen oder eine Nebelanlage.

Futter und Wasserversorgung
Die Fütterung ist nicht heikel. *Chamaeleo (Trioceros) j. xantholophus* frisst alle gängigen Futtertiere, die Sie unbedingt immer mit Ihrem Vitamin-Mineralstoff-Präparat einstäuben müssen. Als Besonderheit werden auch gerne kleine Nackt- und Gehäuseschnecken gefressen, die direkt mit dem Kiefer ohne Einsatz der Zunge ergriffen werden.

Artenteil

Den Chamäleons genügt notfalls tägliches Besprühen zur Wasseraufnahme, sie lassen sich aber auch an das Tränken per Pipette gewöhnen. Eine Tropftränke oder Sprühanlage stellt das Optimum für diese Art dar.

Paarung

Im Terrarium kann die Art ein- bis zweimal im Jahr verpaart werden. Zur Paarung setzen Sie das Weibchen in das Terrarium des Männchens. Die Paarung erfolgt nach dem für Chamäleons üblichen Schema: Das Männchen zeigt sich paarungsbereit, indem es nickt und seine Farben präsentiert. Ist das Weibchen nicht paarungsbereit, so nimmt es eine dunkelbraune bis schwarze Färbung an, versteckt sich oder droht dem Männchen. Ist es mit der Paarung einverstanden macht es nichts, bleibt auf der Stelle sitzen oder entfernt sich nur langsam, so dass das Männchen ihr folgen kann. Hat das Männchen das weibliche Chamäleon eingeholt, besteigt es dieses und versucht, seine Kloake unter die des Weibchens zu bringen. Die Kopulation dauert etwa zehn Minuten. Die Chamäleons sind bei der Paarung sehr friedlich.

In der Natur werden die Weibchen nur einmal im Jahr trächtig. Aufgrund der meist höheren Temperaturen im Terrarium und den damit verbundenen kürzeren Tragzeiten können aber auch zwei Würfe im Jahr stattfinden.

Gravidität und Geburt

Die Tragzeit beträgt zwischen fünf und neun Monaten. Sie dauert länger, je niedriger die Umgebungstemperaturen sind. In dieser Zeit muss das Chamäleon sehr gut mit Vitaminen, Mineralstoffen und Futter versorgt werden. Geben Sie so viel zu fressen, wie das Chamäleon will und stäuben Sie die Futtertiere ein.

Die Würfe umfassen – je nach Unterart – 8 bis 38 Jungen. Wurfgrößen von 15 bis 25 Jungchamäleons erscheinen uns für *Chamaeleo (Trioceros) j. xantholophus* als erstrebenswert.

Die Geburt findet meist am Vormittag in regenreichen Zeiten statt, die Sie auch selbst durch häufigeres Sprühen simulieren können. Nachmittags- und Abendgeburten

Ein halbwüchsiges Männchen der beschriebenen Unterart *Chamaeleo (Trioceros) j. xantholophus.*

Artenteil

Dieses Jungtier von *Chamaeleo (Trioceros) j. xantholophus* ist etwa acht Wochen alt. Es handelt sich wahrscheinlich um ein Männchen, da die Präorbitalhörner schon gut erkennbar sind.

sind selten und bergen ein Risiko: Manchmal schafft es das Weibchen nicht, vor der Nachtruhe alle Jungen abzusetzen und es verbleiben Chamäleons im Geburtskanal. Setzt das Muttertier die Geburt nicht am nächsten Tag fort, können diese Jungen absterben und das Muttertier verendet an ähnlichen Symptomen, wie die eierlegenden Arten sie bei einer Legenot zeigen. Es kann bei lebendgebärenden Arten auch zu einer „Legenot" kommen, wenn die Jungtiere, beispielsweise aufgrund eines Kalkmangels, nicht geboren werden können oder der Wurf wegen schlechter Bedingungen zurückgehalten wird. Verläuft die Geburt ohne Komplikationen, werden die Chamäleons aus dem Geburtskanal gepresst und einfach im Geäst abgestreift oder fallen gelassen. Die frisch geborenen Chamäleons sind von einer hauchdünnen, membranartigen Eihaut umschlossen, aus der sie sich durch kräftiges Strecken meist sofort befreien. Schafft es ein Chamäleon nicht gleich, sich aus der Hülle zu befreien, können sie es aus geringer Höhe nochmals fallen lassen. Dies scheint einen Streckreflex auszulösen, und das Jungtier reißt so die Hülle auf. Erst nach diesem Versuch sollten Sie selbst versuchen, die Hülle vorsichtig zu entfernen. Die Chamäleons sind sofort selbstständig.

Aufzucht der Jungtiere

Die Jungchamäleons zeigen eine charakteristische Jugendfärbung: Die Grundfarbe ist schwarz mit weißen Dreiecken, die einen lateralen Streifen bilden. Die Chamäleons sind zwar verträglich, dennoch empfehlen wir Ihnen eine leider recht aufwändige Einzelaufzucht. Es hat sich bei uns gezeigt, dass sich so die Aufzuchtverluste erheblich verringern lassen.

In den ersten zwei bis drei Monaten empfiehlt sich eine niedrige Tagestemperatur von etwa 24 °C mit einer Nachtabsenkung nicht wesentlich unter 18 °C, das Thermometer sollte aber unter 20 °C fallen. Nach drei Monaten halten Sie die Jungtiere unter den gleichen Bedingungen wie die erwachsenen Chamäleons.

Die weitere Aufzucht der Jungchamäleons ist nicht ganz unproblematisch. Sie fressen zwar kleine Futtertiere, vor allem Mikrogrillen und *Drosophila*, dennoch muss eine Überlebensquote von 50 % schon als sehr gut gelten, die mit einer Einzelaufzucht noch erhöht werden kann. Klimaschwankungen und Infektionen scheinen die Hauptursachen für hohe Verluste zu sein. Um der Infektionsausbreitung entgegenzuwirken, ist es auch bei den Jungtierbecken wichtig, die Terrarieneinrichtung einmal am Tag durchtrocknen zu lassen.

Die Futtertiere müssen auf jeden Fall immer eingestäubt werden, denn obwohl die Jungchamäleons nur sehr langsam heranwachsen, sind auch sie für Wachstumsstörungen und Mangelerkrankungen anfällig. Wir empfehlen Ihnen bei dieser Art eine Paarung frühstens nach einem Jahr. Die Chamäleons erreichen im Terrarium oft ein Alter von sechs Jahren.

Literaturliste und Kontaktadressen

Literaturliste
Ackerman, L. [Hrsg.] 2000. Atlas der Reptilienkrankheiten. 2 Bände. bede-Verlag
Bartlett, R. D. & P. P. 1995. Chameleons. Barron´s Educational Series
Branch, B. 1998. Field Guide to Snakes and other Reptiles of Southern Africa. Struik Publishers (Pty.) Ltd.
Davison, L. J. 1995. Chameleons. Their Care and Breeding. hancock house
de Vosjoli, P.. 1990. The General Care and Maintenance of True Chameleons. Part I & II. The Herpetocultural Library
Henkel, F. W. & Heinecke, S. 1993. Chamäleons im Terrarium. Landbuch Verlag
Henkel, F. W. & Schmidt, W. 1995. Amphibien und Reptilien Madagaskars, der Maskarenen, Seychellen und Komoren. E. Ulmer Verlag
Henkel, F. W. & Schmidt, W. 2008. Terrarien Bau und Einrichtung. E. Ulmer Verlag
Henkel, F. W. & Schmidt, W. 1999. Tropische Wälder als Lebensraum für Amphibien und Reptilien. Landbuch Verlag
Höveler, G. 1999. Haltung und Nachzucht von *Chamaeleo (Trioceros) wiedersheimi perreti*. elaphe 7(1), 2-8
Kimura, H., Itou, Y. & Tanaka, O. 1998. The Chameleon Museum. Japan
Klaver, C. & Böhme, W. 1997. Chamaeleonidae. Das Tierreich. The Animal Kingdom. Teilband 112. Walter de Gryter
Le Berre, F. 1995. The New Chameleon Handbook. Barron´s Educational Series
Liebel, K. & Schmidt, W. 2000. Madagaskar. Natur und Tier Verlag
Martin, J. 1992. Nature´s Masters of Disguise: A Natural History of Chameleons. Blanford
Necas, P. 1999. Chamäleons: Bunte Juwelen der Natur. Edition Chimaira
Ott, M. 1995. Die besondere Optik des Chamäleonauges. Spektrum der Wissenschaft (9)
Schmidt, M. [Hrsg.] 2000. Chamäleons. Draco Terraristik Themenheft. Natur und Tier Verlag
Schmidt, W. 1999. *Chamaeleo calyptratus*: Das Jemenchamäleon. Natur und Tier Verlag
Schmidt, W., Tamm, K. & Wallikewitz, E. 1996. Chamäleons Drachen unserer Zeit. Natur und Tier Verlag
Schnieper, C. & Meier, M. 1998. Das Chamäleon: Meisterschütze und Verwandlungskünstler. Kinderbuchverlag
Schott, W. 2000. Haltung und Vermehrung des Uganda-Dreihorn-Chamäleons *Chamaeleo (Triceros) johnstoni*. elaphe 8(3), 20.

Kontaktadressen
DGHT (Deutsche Gesellschaft für Herpetologie und Terrarienkunde), Wormersdorfer Str. 46-48, Postfach 1421, D-53359 Rheinbach, 02225-703333
Arbeitsgemeinschaft Chamäleons der DGHT, 1. Vorsitzender Wolfgang Schmidt, Hepper Weg 21, D-59494 Soest. Im Internet unter: www.dght.de/chamaeleon/AGChamaeleon.htm
Chameleon Information Network, 13419 Appalachain Way, San Diego, California 92129 USA

Kontaktadressen für bakterielle Untersuchungen und Obduktionen
Veterinärmedizinische Fakultät der Universität Gießen, Frankfurter Str. 87, 35392 Gießen
Tiergesundheitsamt Hannover, Dr. Röder, Vahrenwalder Str. 133, 30165 Hannover
www.reptilienlabor.de, Tierarzt Kornelis Biron, Beethovenstr.6 ,40233 Düsseldorf, Telefon: +49 211 966 07 39, E-Mail: webmaster@reptilientierarzt.de, Internet: www.reptilientierarzt.de, www.biron.de
Exomed-Institut, Erich-Kurz-Straße 7, 10319 Friedrichsfelde, Berlin, Tel. 030 51067701, www.exomed.de

Hier können Sie weiterlesen.

Griechische Landschildkröten.
Rainer Zirngibl. 3. Auflage 2015. 96 Seiten, 112 Farbfotos, geb. ISBN 978-3-8001-0328-7.

Boas und Pythons.
Erika und Hermann Stöckl. 3. Auflage 2014. 96 S., 86 Farbfotos, geb. ISBN 978-3-8001-8286-2.

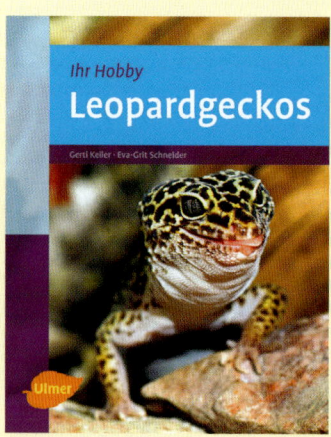

Leopardgeckos.
Gerti Keller, Eva-Grit Schneider. 3. Auflage 2014. 96 S., 98 Farbfotos, geb. ISBN 978-3-8001-8255-8.

Pfeilgiftfrösche.
Gerti Keller, Eva-Grit Schneider. 3. Auflage 2015. 96 S., 100 Farbfotos, geb. ISBN 978-3-8001-0319-5.

 www.ulmer.de